AF385506

COURS
DE CHIMIE

COURS DE SCIENCES PHYSIQUES ET NATURELLES

RÉPONDANT AUX PROGRAMMES OFFICIELS DE 1902

COURS

DE

CHIMIE

PAR F. G.-M.

CLASSE DE SECONDE

MÉTALLOÏDES ET MÉTAUX

TOURS

MAISON A. MAME ET FILS

IMPRIMEURS-LIBRAIRES

PARIS

CH. POUSSIELGUE

RUE CASSETTE, 15

1903

PROGRAMME OFFICIEL DU 31 MAI 1902

CLASSE DE SECONDE

Air, composition (25). — Azote (30).

Oxygène (34), combustions (39).

Eau, composition (40). — Eaux potables (45). — Hydrogène (47).

Chlore (52), acide hypochloreux (58), chlorures décolorants (59).

Acide chlorhydrique (61).

Électrolyse du chlorure de sodium (153). — Sodium (150), soude caustique (153).

Analyse (5), synthèse (7). — Mélange, combinaison (8).

Corps simples (2) et (9). — Métalloïdes (4) et (14), métaux (4) et (14). -- Corps composés (2) et (10).

Principe de la conservation de la matière (9). — Loi des proportions définies (9).

Symboles. Notation atomique. Formules (9).

Nomenclature (13). — Acides, bases, sels (16).

Soufre (64). -- Corps amorphes (73), corps cristallisés (71). — Polymorphisme (73). — Anhydride sulfureux (73), anhydride sulfurique (78), acide sulfurique (80). — Hydrogène sulfuré (89).

Azotates de potassium et de sodium (93). — Acide azotique (94). — Oxydes de l'azote (98). — Loi des proportions multiples (104).

Ammoniaque (105). — Chlorure d'ammonium (108), sulfate d'ammonium (110). Loi des volumes (110).

Les phosphates (119). — Acide phosphorique (111), phosphore (115).

Carbone (120), charbon (123). — Anhydride carbonique (129), oxyde de carbone (134).

Sulfure de carbone (136).

Silice (138), verres (140). — Acide borique (143), borax (145).

Métaux et alliages (146).

Minerais oxydés et minerais sulfurés (149), *méthodes générales de traitement* (149).

Chlorure de sodium (155), carbonate de sodium (156), soude (153), sulfate de sodium (160).

Calcaires (162), chaux (164), mortiers (166), ciment (167), plâtre (167).

Les nombres placés entre parenthèses, après les titres des paragraphes, renvoient à la page où les questions sont traitées.

Les questions imprimées en italique ne figurent pas dans le programme de la classe de seconde, mais dans les programmes correspondants du premier cycle.

COURS DE CHIMIE

INTRODUCTION

§ I. — NOTIONS PRÉLIMINAIRES

1. La Physique et la Chimie. — Les corps qui nous entourent peuvent subir une foule de changements plus ou moins profonds.

Ces changements constituent ce que l'on appelle les *phénomènes*. Leur étude est l'objet des sciences physiques, qui comprennent notamment la *physique* et la *chimie*.

La **Physique** s'occupe des phénomènes *passagers* qui n'altèrent pas la nature des corps, et qui cessent, d'ordinaire, en même temps que leur cause.

La **Chimie** étudie les phénomènes *durables* qui changent la nature des corps.

1° Si nous chauffons du mercure dans une cornue en verre, jusqu'à 360°, il se transforme en vapeur. Mais cette vapeur amenée, à l'aide d'un tube à dégagement, dans un récipient froid, s'y condense par refroidissement, et revient à l'état de mercure liquide. La vaporisation du mercure n'est donc qu'un phénomène passager, qui cesse en même temps que l'élévation de température.

Tous les phénomènes qui présentent des caractères analogues appartiennent au domaine de la physique.

2° Si maintenant nous chauffons, jusque vers 400°, de l'oxyde rouge de mercure, dans un petit ballon dont le tube à dégagement aboutit sous une éprouvette pleine d'eau, il se produit un gaz nommé *oxygène*, dont les bulles viennent se rassembler au sommet de l'éprouvette. Pendant ce temps, l'oxyde s'altère, change de couleur et fait place enfin à du mercure liquide. Celui-ci ne revient pas à l'état d'oxyde quand on le laisse refroidir.

L'oxyde a donc subi, sous l'action de la chaleur, une modification durable, qui en a changé complètement la nature.

Tous les phénomènes de ce genre sont des phénomènes chimiques.

2. Corps simples et corps composés. — Nous venons de voir que l'oxyde de mercure chauffé se décompose en deux corps distincts: le mercure qu'on recueille à l'état liquide dans le ballon, et l'oxygène, qui se dégage sous l'éprouvette placée sur la cuve à eau.

Toutes les substances qui peuvent ainsi, par des procédés divers, être décomposées chacune en plusieurs autres, complètement différentes, prennent le nom de **corps composés.**

Par contre, il existe des corps que l'on ne peut décomposer par aucun procédé. Ainsi, quand on applique à l'oxygène ou au mercure l'un quelconque des procédés de décomposition actuellement connus, on ne peut jamais en extraire d'autre substance que de l'oxygène ou du mercure.

Ces corps, qu'il ne nous est pas possible de décomposer en d'autres corps, constituent ce que l'on nomme des **corps simples** ou des **éléments.**

3. Combinaison et décomposition. — Les propriétés d'un corps composé sont toujours très différentes des propriétés de ses éléments. Tout corps, simple ou composé, est caractérisé par un ensemble de propriétés spéciales, qui le distingue de tous les autres corps.

Si l'on réussit à séparer les éléments d'un corps composé, on dit que ce corps a été *décomposé* ou qu'il a subi la *décomposition*.

Inversement, si l'on parvient à réunir entre eux plusieurs éléments, de manière à former un corps nouveau, on dit que ces éléments sont *combinés*, ou qu'il s'est produit entre eux une *combinaison*. Le corps composé qui en résulte est dit, lui-même, une *combinaison*.

4. Mélange. — On appelle *mélange* tout corps hétérogène, formé par la réunion de plusieurs éléments différents non combinés, qui conservent leurs propriétés individuelles.

On donne aussi le nom de *mélange* à l'opération qui consiste à rapprocher des éléments, et à les unir d'une manière plus ou moins intime, sans les faire combiner.

Quand on veut *combiner* des éléments, on commence toujours par les *mélanger*; mais ces deux opérations sont essentiellement différentes : le mélange est d'ordre purement mécanique ou physique; la combinaison seule est du domaine de la chimie.

Inversement, séparer les éléments d'un mélange est une opération purement physique.

5. Les trois états physiques des corps. — Les corps se présentent dans la nature sous trois états différents.

Les uns ont une forme déterminée, qu'ils conservent par eux-mêmes. On dit qu'ils sont *à l'état solide*. Tels sont : une pierre, un morceau de plomb, de fer ou d'acier, etc.

D'autres à température égale ont un volume constant; mais leur forme varie avec celle du récipient qui les contient. Ces corps sont dits *à l'état liquide*. Tels sont : l'eau, l'alcool, le mercure.

Enfin, il existe des corps qui ne possèdent ni forme propre, ni volume déterminé. Ils ne peuvent être conservés que dans des récipients fermés, dont ils adoptent la forme et le volume. On dit que ces corps sont *à l'état gazeux*. L'air atmosphérique, la vapeur d'eau, le gaz d'éclairage, en offrent des exemples.

Un même corps peut revêtir successivement chacun de ces trois états. Son état actuel dépend de sa température et de la pression qu'il supporte. Ainsi, à la pression atmosphérique ordinaire, l'eau est à l'état solide au-dessous de 0°, à l'état liquide depuis 0° jusqu'à 100°, et à l'état gazeux pour toute température supérieure à 100°.

L'étude des changements d'états : fusion et solidification, liquéfaction et vaporisation, appartient à la physique.

6. Hypothèse moléculaire. — Tout corps solide, liquide ou gazeux, peut être divisé, par voie mécanique, en particules de plus en plus petites.

On admet que cette division par *procédés physiques* ne peut pas se poursuivre indéfiniment, mais qu'il existe pour chaque corps une limite que l'on ne saurait dépasser.

Les plus petites particules d'un corps, celles qui définissent le terme extrême de la divisibilité possible de ce corps par des *procédés physiques*, constituent ce que l'on appelle les **molécules** de ce corps.

On admet que les molécules d'un même corps sont identiques entre elles, et qu'elles sont séparées les unes des autres par des vides ou *espaces intermoléculaires*, qui sont du même ordre de grandeur que ces molécules, c'est-à-dire d'une petitesse extrême, qui échappe à tous nos moyens d'observation directe.

Mais si la molécule d'un corps ne peut être divisée par aucun *procédé physique*, elle peut l'être par des *procédés chimiques*. C'est ainsi que les molécules d'oxyde de mercure peuvent être décomposées en molécules d'oxygène et en molécules de mercure. Mais alors le corps composé disparaît, pour faire place à ses éléments; et l'on peut dire que la molécule d'un corps composé est la plus petite particule de ce corps qui puisse subsister à l'état de liberté avec les propriétés de ce corps. Elle ne peut pas être partagée sans changer complètement de nature.

A l'aide de *procédés chimiques*, la molécule d'un corps simple peut elle-même être partagée en particules plus petites, identiques entre elles, et que l'on appelle les **atomes** de l'élément considéré.

7. Les acides et les bases. — Tous les corps composés qui renferment de l'oxygène parmi leurs éléments prennent le nom de **composés oxygénés**; et ceux qui résultent de la combinaison d'un seul élément simple avec l'oxygène se nomment des **oxydes**.

Certains oxydes mis en présence de l'eau acquièrent des propriétés analogues à celles du vinaigre. Comme celui-ci, ils possèdent une saveur particulière dite *saveur acide*, et ils font passer au *rouge* les couleurs *bleues* d'origine végétale. Par exemple, ils rougissent la teinture bleue de tournesol. Les oxydes qui jouissent de ces propriétés sont des *anhydrides*; en se combinant avec l'eau, ils forment les **acides**.

D'autres oxydes ont, lorsqu'ils sont mis en présence de l'eau, la propriété de ramener au bleu la teinture de tournesol préalablement rougie par un acide. On les réunit sous le nom de **bases**, ou de *corps basiques* [1].

8. Les métaux et les métalloïdes. — En se combinant avec l'oxygène, dans des proportions diverses, un élément simple peut former un ou plusieurs oxydes.

Si parmi les oxydes d'un même élément simple il existe au moins un oxyde qui jouit de la propriété des *bases*, cet élément est dit **un métal**.

Dans le cas contraire, c'est un **métalloïde**.

Ainsi, tous les éléments simples se divisent en deux catégories que l'on nomme respectivement : les *métalloïdes* et les *métaux*.

9. Composition et décomposition; analyse et synthèse. — 1° La *décomposition*, nous l'avons dit, est l'opération par laquelle on sépare les éléments d'un corps composé.

Quand cette séparation est complète et que l'on prend soin de recueillir intégralement tous les éléments séparés, la décomposition ainsi effectuée prend le nom d'**analyse**.

2° *Composer un corps*, c'est produire ce corps par voie de combinaison.

Dans ce sens, le mot *composition* est synonyme de combinaison; mais on l'emploie de préférence pour indiquer dans quelles proportions les éléments se combinent pour former un composé déterminé.

Ainsi, connaître la *composition* d'un corps, c'est savoir les proportions relatives des éléments de ce corps.

10. Objet de la chimie. — La chimie est l'étude des lois qui régissent les combinaisons.

---

[1] Les bases solubles s'appellent encore *alcalis*.

En d'autres termes, c'est la science des conditions dans lesquelles se forment et se détruisent les combinaisons.

Ou encore, c'est la science des conditions d'analyse et de synthèse.

§ II. — ANALYSE ET SYNTHÈSE

11. Analyse. — 1° Si l'on prend un vase en verre dont le pied est traversé par deux petites lames de platine qui se dressent à l'intérieur du vase, et qu'on verse dans ce verre de l'eau acidulée, après avoir recouvert les deux lames de platine par des éprouvettes renversées et pleines d'eau; si l'on fait ensuite passer un courant électrique, qui entre par l'une des lames de platine et sorte par l'autre, on voit (fig. 1) des bulles gazeuses se dégager sur chacune des lames de

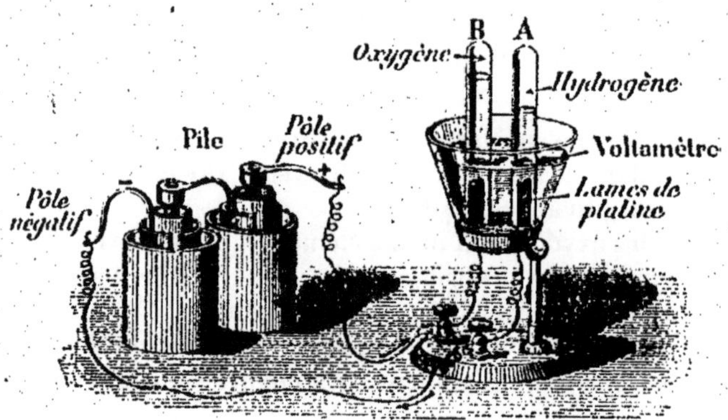

Fig. 1. — Décomposition de l'eau par la pile.

platine et se rassembler au sommet des éprouvettes. Il y a deux fois moins de gaz dans l'une des éprouvettes que dans l'autre. De plus, le gaz de l'une des éprouvettes brûle, et celui de l'autre fait brûler; ces deux gaz ne sont donc pas les mêmes. Les propriétés de l'un diffèrent de celles de l'autre, et les propriétés de l'un et de l'autre diffèrent de celles de l'eau. Celui qui brûle dans l'air s'appelle *hydrogène*; l'autre, dans lequel on peut faire brûler une allumette, s'appelle *oxygène*.

Cette opération, par laquelle nous avons tiré d'un corps deux autres corps très différents, est ce qu'on appelle une *analyse chimique*.

En réalité, le premier corps était constitué par la combinaison des deux autres, et nous l'avons décomposé en ses éléments.

Ainsi l'analyse chimique est une opération par laquelle on décompose un corps en ses éléments; ou encore, *c'est l'opération qui consiste à séparer les uns des autres les éléments dont un corps est composé.*

L'analyse chimique peut s'effectuer de diverses manières. Quand elle se fait à l'aide d'un courant électrique, elle prend le nom particulier d'*électrolyse*.

Voyons maintenant d'autres exemples d'analyse.

2º On peut séparer les éléments d'un corps composé en faisant intervenir l'*affinité* (tendance des corps à s'unir) de ces éléments pour certains autres corps.

Pour décomposer l'eau, par exemple, on peut utiliser l'affinité de l'oxygène qu'elle contient, pour le fer porté à une température élevée.

Si on fait passer de la vapeur d'eau dans un tube contenant du fer chauffé au rouge (fig. 2), il se dégage à l'autre extrémité du tube

Fig. 2. — Décomposition de l'eau par le fer au rouge.
On fait passer de la vapeur d'eau sur du fer chauffé au rouge,
et on recueille de l'hydrogène à l'intérieur d'une éprouvette placée sur la cuve à eau.

un gaz qui brûle ; ce n'est donc plus de la vapeur d'eau. Nous constatons en outre que le fer a changé d'aspect et augmenté de poids. Donc l'un des deux éléments de l'eau s'est fixé sur lui.

On peut constater que l'augmentation du poids du fer ajouté au poids du gaz qui s'est dégagé par l'extrémité du tube, donne exactement le poids de la vapeur d'eau décomposée.

Cette dernière méthode d'analyse a été pendant longtemps la seule employée, et, dans bien des cas, elle est encore la seule praticable.

3º On peut encore opérer des analyses par la chaleur seule. Ainsi nous avons vu, au nº 1, que l'oxyde rouge de mercure est décomposé en ses éléments si on le chauffe au-dessus de 400º.

Mais cette méthode d'analyse n'est pas toujours praticable.

12. Analyse qualitative et analyse quantitative. — L'analyse est *qualitative* lorsqu'on cherche seulement à connaître la *nature* des éléments qui entrent dans un composé. Elle est *quantitative* quand on cherche les *proportions* de chacun des éléments dans le corps composé.

Ainsi décomposer l'eau en oxygène et hydrogène, c'est en faire l'analyse *qualitative;* constater de plus qu'elle est formée de 2 volumes d'hydrogène pour 1 volume d'oxygène, c'est en faire l'analyse *quantitative.*

13. Synthèse. — 1º On prend un ballon dont le bouchon est traversé par deux fils métalliques et par deux tubes. Les fils sont terminés par deux petites sphères assez rapprochées l'une de l'autre. L'un des tubes amène de l'oxygène, et l'autre de l'hydrogène (fig. 3). Le ballon étant rempli d'oxygène, on y introduit l'hydrogène, qui est enflammé au fur et à mesure de son arrivée par une étincelle électrique jaillissant entre les deux petites sphères; après le passage de l'étincelle, on a dans le ballon un nouveau corps qui n'a ni les propriétés de l'hydrogène ni celles de l'oxygène : c'est de la vapeur d'eau.

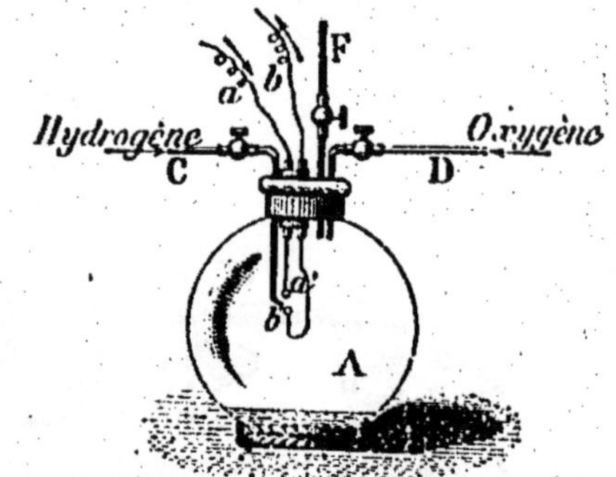

Fig. 3. — Synthèse de l'eau.

On remplit un ballon A d'oxygène amené par un tube D. On met ensuite a et b en communication avec une source électrique; et, à l'aide de l'étincelle jaillissant entre a' et b', on enflamme du gaz hydrogène amené par le tube C. L'eau se rassemble au fond du ballon. Le tube F sert à faire le vide en A.

2º Lorsqu'un courant d'hydrogène, pur et sec, passe dans un tube contenant de l'oxyde de cuivre chauffé, on recueille à l'extrémité du tube un corps qui n'a pas les propriétés de l'hydrogène : c'est encore de la vapeur d'eau. De plus, la substance noire contenue dans le tube a changé de couleur et diminué de poids; il reste, comme résidu, du cuivre.

La perte de poids de l'oxyde de cuivre ajoutée au poids de l'hydrogène employé donne un poids égal à celui de la vapeur d'eau recueillie.

L'opération que nous avons effectuée dans chacune des deux expériences précédentes, et qui consiste à réunir plusieurs éléments pour en former un composé, est ce que l'on appelle une *synthèse.*

La synthèse est donc une opération par laquelle on constitue un corps au moyen de ses éléments.

§ III. — CARACTÈRES GÉNÉRAUX DES MÉLANGES
ET DES COMBINAISONS

14. Combinaisons. — *Caractères des combinaisons.* — Les combinaisons (action de combiner) présentent trois caractères principaux :

1° *Elles s'effectuent en proportions définies.*

Ainsi quand l'hydrogène et l'oxygène se combinent pour former de l'eau, c'est toujours dans la proportion de 1 gramme d'hydrogène pour 8 grammes d'oxygène.

2° *Elles s'effectuent généralement avec dégagement de chaleur.*

Si l'on met dans un flacon un mélange, en poids, de 2 parties de limaille de fer et de 1 partie de fleur de soufre, et qu'on humecte le tout avec un peu d'eau tiède, le fer et le soufre se combinent au bout de quelques instants, et la chaleur dégagée suffit pour vaporiser l'eau. Si on a fermé le flacon à l'aide d'un bouchon traversé par un tube effilé, un jet de vapeur se dégage par l'extrémité du tube. C'est l'expérience du volcan de Lémery [1].

3° *Les propriétés des combinaisons sont profondément différentes de celles des corps constituants.*

Lorsqu'on fait brûler du phosphore dans l'oxygène, il en résulte un corps appelé *anhydride phosphorique,* qui a des propriétés différentes de celles du phosphore et de celles de l'oxygène.

Remarques. — I. *Autre caractère des combinaisons.* Le corps résultant d'une combinaison présente souvent la forme cristalline.

II. *Condition des combinaisons.* Pour que des éléments puissent se combiner, il est indispensable qu'ils soient en contact intime.

III. *Explosifs.* La plupart des combinaisons s'effectuent avec dégagement de chaleur [2]. Cependant quelques-unes s'effectuent avec absorption de chaleur, et donnent naissance à ce que l'on appelle des *explosifs.* Un composé de ce genre se décompose généralement par le choc et avec explosion ; la séparation des éléments s'opère avec restitution de la chaleur qui a été absorbée pendant la formation du composé explosif.

15. Caractères des mélanges. — Les mélanges (opération de rapprocher les éléments) présentent les caractères suivants :

1° *Les proportions des éléments peuvent varier à l'infini ;*

2° *L'union des éléments se fait sans dégagement de chaleur ;*

---

[1] LÉMERY (Nicolas), chimiste français (1645-1715). Il est le premier qui parla chimie en français.

[2] Les combinaisons qui s'effectuent avec dégagement de chaleur sont dites *exothermiques ;* celles qui se forment avec absorption de chaleur sont appelées *endothermiques.*

3° *Les éléments unis conservent les propriétés qu'ils ont à l'état isolé.*

Il suit de là que, dans les mélanges, on peut séparer les éléments par des procédés purement physiques ; par exemple, en utilisant leur différence de solubilité ou de densité, etc.

Si on lave dans l'eau un mélange de soufre et de salpêtre, le salpêtre se dissout dans le liquide, et le soufre se précipite au fond du récipient. Si on lave dans le sulfure de carbone un mélange de fer et de soufre, le soufre se dissout, et le fer reste au fond du vase dans lequel on a fait l'opération.

§ IV. — LOIS FONDAMENTALES DE LA CHIMIE

16. Loi de la conservation de la matière ou principe de Lavoisier [1]. — Lavoisier a reconnu que dans toute combinaison *le poids d'un corps composé est égal à la somme des poids des composants.*

C'est ce qu'il exprimait en disant: *Rien ne se crée, rien ne se perd,* en fait de matière.

Cette loi générale est le principe fondamental sur lequel repose l'*analyse chimique,* et partant, presque toute la chimie.

17. Loi des proportions définies ou loi de Proust [2]. — *Pour former un composé déterminé, les éléments se combinent toujours dans la même proportion.*

Ainsi, pour former de l'acide chlorhydrique, l'hydrogène et le chlore se combinent toujours dans la proportion de 1^{gr} d'hydrogène pour $35^{gr},5$ de chlore, donnant $36^{gr},5$ d'acide chlorhydrique.

§ V. — SYMBOLES ET FORMULES

18. Symboles des corps simples. — Poids atomique. — 1° On représente chaque corps simple par un **symbole** conventionnel, constitué par l'initiale de son nom actuel ou ancien. En cas d'ambiguïté, on fait suivre cette initiale capitale d'une seconde lettre minuscule empruntée au même mot.

Exemples :

Oxygène : O.	Argent : Ag.
Hydrogène : H.	Mercure (hydrargyre) : Hg.
Potassium (kalium) : K.	Étain (stannum) : Sn.

---

[1] LAVOISIER, né à Paris en 1743, a été le créateur de la chimie moderne. Il mourut sur l'échafaud révolutionnaire, le 8 mai 1794.
[2] PROUST, chimiste français (1755-1826).

Le symbole de chaque corps simple représente à la fois un atome *de ce corps simple, et le* poids atomique *de cet élément.*

2° Nous avons vu que les atomes des corps simples sont d'une petitesse extrême, et ils échappent à toute observation directe.

Leurs poids sont donc trop petits pour être comparés aux poids de nos balances. Mais comme on les considère du même ordre de grandeur les uns par rapport aux autres, on peut les comparer entre eux. On est parvenu effectivement à trouver le rapport des poids de deux quelconques d'entre eux, et l'on a constaté que le plus petit de tous ces poids est celui de l'atome d'hydrogène.

On convient donc de rapporter les poids de tous les atomes au poids de l'atome d'hydrogène pris comme unité ou comme terme de comparaison.

On appelle poids atomique d'un corps simple le rapport du poids d'un atome de ce corps au poids d'un atome d'hydrogène, pris pour unité.

Voici les poids atomiques de quelques-uns des principaux corps simples :

Hydrogène : H = 1. Chlore : Cl = 35,5.
Azote : Az = 14. Sodium : Na = 23.
Oxygène : O = 16. Fer : Fe = 56.

Ainsi nous ne connaissons pas les *poids absolus* des atomes des divers corps simples, mais nous connaissons leurs *poids relatifs*. Nous savons, par exemple, que l'atome d'azote pèse 14 fois plus que l'atome d'hydrogène ; qu'un atome d'oxygène pèse autant que 16 atomes d'hydrogène, etc.

Les poids atomiques sont des *rapports* et, par suite, des *nombres abstraits;* mais, dans la pratique, on les remplace par des nombres concrets, c'est-à-dire par de véritables poids d'après la convention suivante :

On convient de représenter le poids atomique de l'hydrogène par 1^{gr}. Alors celui de l'azote est 14^{gr}, celui de l'oxygène 16^{gr}, etc.

Et même, par une abréviation de langage que justifie sa commodité, on dit simplement que l'*atome d'hydrogène* pèse 1^{gr}; que l'*atome d'azote* pèse 14^{gr}, l'*atome d'oxygène* 16^{gr}, etc.

Cela revient à dire que 1^{gr} d'hydrogène, 14^{gr} d'azote, 16^{gr} d'oxygène renferment *un même nombre* de leurs atomes respectifs.

19. Formule d'un corps composé. — Poids moléculaire. —Puisque toutes les molécules d'un corps composé sont identiques entre elles, ce corps est parfaitement déterminé quand on connaît le nombre et la nature des atomes qui constituent sa molécule.

On représente un corps composé par une **formule** conventionnelle, que l'on obtient en écrivant à la suite les uns des autres les symboles de ses divers éléments, chaque symbole étant affecté d'un exposant qui indique le nombre des atomes du corps simple qui entrent dans la constitution de la molécule du corps composé.

Exemples : La formule de l'acide chlorhydrique est HCl, parce qu'une molécule de ce corps est formée d'un atome d'hydrogène combiné avec un atome de chlore. La formule de l'eau est H^2O, car une molécule d'eau contient un atome d'oxygène combiné avec deux atomes d'hydrogène.

La **formule** *d'un corps composé représente donc à la fois une* **molécule** *de ce corps composé et le* **poids moléculaire** *de ce même corps.*

D'après le principe de Lavoisier, le poids d'une molécule est égal à la somme des poids des atomes qui constituent cette molécule.

Les *poids absolus* des atomes et, par suite, des molécules, échappent à l'expérience.

Mais, de même que l'on remplace les poids des atomes par les *poids atomiques*, qui leur sont proportionnels; de même on remplace les poids des molécules par des *poids moléculaires* proportionnels aux poids de ces molécules.

On appelle **poids moléculaire** *d'un corps composé le rapport qui existe entre le poids d'une molécule de ce corps et le poids d'un atome d'hydrogène.*

D'après le principe de Lavoisier, *le poids moléculaire d'un composé est égal à la somme des poids des atomes qui entrent dans la molécule de ce corps.*

Ainsi le poids moléculaire du chlorure de potassium : KCl, est égal à la somme des poids atomiques du potassium et du chlore. On a :

$$KCl = 39 + 35{,}5 = 74{,}5.$$

Le poids moléculaire du chlorure de calcium : $CaCl^2$, est égal au poids atomique du calcium plus deux fois le poids atomique du chlore. On a :

$$CaCl^2 = 40 + 35{,}5 \times 2 = 111.$$

Les poids moléculaires sont des *rapports* et, par suite, des *nombres abstraits.* Mais, puisqu'il est convenu que chaque unité de poids atomique représentera 1 gramme, on étend la même convention à l'unité des poids moléculaires.

Ainsi, dans la pratique, on traduit tous les poids moléculaires en grammes, aussi bien que les poids atomiques.

20. Atomicité des éléments. — Nous savons (n° 6) que la molécule d'un corps simple peut être constituée par un seul atome ou par plusieurs atomes de ce même corps simple.

On appelle atomicité d'un élément le nombre des atomes qui constituent la molécule de cet élément.

L'hydrogène, par exemple, est diatomique; parce que la molécule d'hydrogène, H^2, est formée de deux atomes. Voilà pourquoi le poids atomique de l'hydrogène étant 1, son poids moléculaire est 2. La plupart des corps simples gazeux sont *diatomiques*.

§ VI. — VALENCE DES ATOMES

21. Valence des métalloïdes. — Les atomes des divers métalloïdes ne se comportent pas de la même manière vis-à-vis de l'hydrogène. Les uns ne peuvent se combiner qu'avec un seul atome d'hydrogène; d'autres peuvent s'unir à deux atomes d'hydrogène, mais ils n'en fixent jamais plus ; d'autres peuvent fixer trois atomes d'hydrogène, mais pas davantage, etc.

C'est ce que l'on exprime en disant que les premiers sont **monovalents** ou *saturés par un atome d'hydrogène;* que les seconds sont **bivalents** ou *saturés par deux atomes d'hydrogène;* que les troisièmes sont **trivalents** ou *saturés par trois atomes d'hydrogène,* etc.

Ainsi *on appelle* **valence** *ou* **capacité de saturation** *d'un élément, le nombre des atomes d'hydrogène qui peuvent être fixés par son atome et qui sont nécessaires pour le saturer.*

En passant en revue les combinaisons de l'hydrogène avec les divers métalloïdes, on constate les faits suivants :

1° Le *fluor,* le *chlore,* le *brome* et l'*iode* sont **monovalents.** Un atome de chacun de ces corps se combine avec un atome d'hydrogène pour former les acides *fluorhydrique,* HFl; *chlorhydrique,* HCl; *bromhydrique,* HBr, et *iodhydrique,* HI.

2° L'*oxygène,* le *soufre,* le *sélénium,* le *tellure* sont **bivalents.** Un atome de ces corps se combine avec deux atomes d'hydrogène pour former l'*eau,* H^2O; l'acide *sulfhydrique,* H^2S; l'acide *sélénhydrique,* H^2Se; l'acide *tellurhydrique,* H^2Te.

3° L'*azote,* le *phosphore,* l'*arsenic,* l'*antimoine,* le *bismuth,* le *bore* sont **trivalents.** Chaque atome de ces corps fixe trois atomes d'hydrogène et donne AzH^3, PH^3, etc.

4° Le *carbone* est **tétravalent.** Son atome fixe quatre atomes d'hydrogène pour former CH^4. Il en est de même du *silicium.*

Crochets. — On indique souvent la valence d'un élément en adjoignant au symbole de cet élément de petits traits appelés *crochets*.

Pour exprimer qu'un atome est *mono*, *bi*, *tri-valent*, on dit aussi que cet atome a *un*, *deux*, *trois* crochets.

Ainsi le chlore a un crochet : Cl —.

L'oxygène en a deux : O =.

L'azote en a trois : Az ≡, etc.

22. Valence des métaux. — Les métaux ayant peu d'affinité pour l'hydrogène, leur valence se définit par rapport au chlore.

On appelle valence *d'un métal le nombre des atomes de chlore nécessaires pour saturer un atome de ce métal.*

Ainsi les métaux dits *alcalins* sont **monovalents**. Leur atome fixe 1 atome de chlore, et jamais davantage.

Tels sont le potassium K et le sodium Na, qui donnent le chlorure de potassium KCl et le chlorure de sodium NaCl.

§ VII. — NOMENCLATURE

23. Nomenclature. — *La* nomenclature chimique *est l'ensemble des règles adoptées pour désigner les corps.*

Les corps simples sont en nombre limité. On leur a conservé les noms qu'ils portaient avant l'organisation de la science, ou qui leur ont été donnés arbitrairement par les chimistes qui les ont successivement découverts.

Les corps composés, au contraire, sont innombrables, et l'on a jugé nécessaire de les désigner systématiquement d'après des règles fixes, de manière que leurs noms fassent toujours connaître leur composition chimique.

24. Nomenclature des corps simples. — Parmi les corps simples, il en est qui doivent leurs noms à quelqu'une de leurs propriétés caractéristiques. Tels sont le **chlore** qui doit son nom à sa couleur, le **brome** à son odeur, etc.

D'autres corps simples tirent leurs noms de leur origine. Tels sont le **potassium**, le **sodium**, le **calcium**, extraits respectivement de la potasse, de la soude, de la chaux, etc.

Sans discuter les avantages et les inconvénients de ces dénominations parfois arbitraires et dues au hasard des circonstances, bornons-nous à rappeler que les corps simples se divisent en deux grandes catégories : les **métalloïdes** et les **métaux**, qui se subdivisent chacune en plusieurs classes d'après les *valences*.

MÉTALLOÏDES CLASSÉS D'APRÈS LEURS VALENCES [1]

Hydrogène H = 1												
Monovalents.			**Bivalents.**			**Trivalents.**			**Tétravalents.**			
Fluor	F	19	Oxygène	O	16	Azote	Az	14	Silicium	C	12	Hélium	He	2
Chlore	Cl	35,5	Soufre	S	32	Phosphore	P	31	Carbone	Si	28	Néon	Ne	20
Brome	Br	80	Sélénium	Se	79,5	Arsenic	As	75				Argon	Ar	39,9
Iode	I	127	Tellure	Te	128	Antimoine	Sb	120				Krypton	Kr	81
						Bismuth	Bi	212				Xénon	Xe	128
						Bore	B	11						

MÉTAUX CLASSÉS D'APRÈS LEURS VALENCES

Monovalents.			**Bivalents.**			**Trivalents.**			**Tétravalents.**		
Potassium	K	39	Calcium	Ca	40	Aluminium	Al	27	Platine	Pt	195
Sodium	Na	23	Baryum	Ba	137	Gallium	Ga	70	Iridium	Ir	193
—	—	—	Strontium	Sr	87	Indium	In	113,4	Palladium	Pd	106
Lithium	Li	7	—	—	—	—	—	—	Osmium	Os	190
Rubidium	Rb	85	Magnésium	Mg	24	Bismuth	Bi	208	Ruthénium	Ru	101
Césium	Cs	133	Zinc	Zn	65	Niobium	Nb	94	Rhodium	Rh	104
Thallium	Th	204	Cadmium	Cd	112	Vanadium	Va	51	—	—	—
Argent	Ag	108	Glucinium	Gl	9	Tantale	Ta	182	Étain	Sn	118
			—	—	—	Or	Au	196	Thorium	Th	132
			Chrome	Cr	52				Titane	Ti	50
			Manganèse	Mn	55				Germanium	Ge	72
			Fer	Fe	56				Zirconium	Zr	90
			Nickel	Ni	59						
			Cobalt	Co	59						
			Molybdène	Mo	96						
			Tungstène W = Tu	=	184						
			Uranium	Ur	240						
			—	—	—						
			Cuivre	Cu	63						
			Mercure	Hg	200						
			Plomb	Pb	207						

25. Nomenclature des corps composés. — Nous considérerons successivement les composés **binaires**, qui renferment *deux*

---

[1] Certains corps peuvent avoir deux valences différentes. Ainsi le fer, le chrome, le manganèse, l'étain, le platine, le nickel, le cobalt, etc., sont divalents ou tétravalents; l'or, l'aluminium, l'azote, etc., sont trivalents ou pentavalents. En général, la différence entre deux valences d'un même corps est toujours 2.

éléments simples, puis les composés **ternaires**, qui en contiennent *trois*.

Dans la nomenclature de ces deux catégories de corps, les composés oxygénés occupent une place à part, à cause de l'importance exceptionnelle que l'on attribuait à l'oxygène à l'époque où cette nomenclature fut établie.

26. Composés binaires. — On distingue les composés binaires *oxygénés*, les composés binaires *hydrogénés*, et enfin les composés binaires *qui ne renferment ni oxygène ni hydrogène*.

27. Composés binaires oxygénés. — Les composés binaires oxygénés comprennent les *anhydrides* et les *oxydes*.

A) Anhydrides. — *On appelle* **anhydride** *toute combinaison d'un métalloïde avec l'oxygène qui, en s'unissant avec l'eau, produit un acide.*

1° Si le métalloïde considéré ne forme avec l'oxygène qu'un seul anhydride, on nomme celui-ci en ajoutant au nom du métalloïde la terminaison **ique**.

Ainsi le carbone brûlant dans l'oxygène donne le composé CO^2, qui forme un acide en se combinant avec l'eau. C'est donc un anhydride, et on le nomme :

Anhydride carbonique CO^2.

2° Si un même métalloïde forme avec l'oxygène deux anhydrides différents, on nomme celui qui contient le plus d'oxygène, en ajoutant au nom du métalloïde la terminaison **ique**, et l'autre en ajoutant au nom du métalloïde la terminaison **eux**.

Tel est le cas du soufre, du phosphore, etc., qui donnent :

Anhydride	sulfurique	SO^3.
»	sulfureux	SO^2.
»	phosphorique	P^2O^5.
»	phosphoreux	P^2O^3.

3° Enfin quand un métalloïde donne avec l'oxygène plus de deux anhydrides, on les distingue en plaçant devant les mots, terminés en *eux* ou en *ique*, les préfixes **per** (plus) ou **hypo** (moins), qui marquent une augmentation ou une diminution dans la quantité d'oxygène.

Avec l'azote, par exemple, on a :

Anhydride	azoteux	Az^2O^3.
»	azotique	Az^2O^5.
»	perazotique	AzO^3.

B) Oxydes. — *On appelle* **oxyde** *tout composé binaire oxygéné qui ne forme pas d'acide en s'unissant à l'eau.*

Pour nommer un oxyde, on fait suivre le mot oxyde du nom de l'élément combiné avec l'oxygène. On dit, par exemple :

L'oxyde de carbone   CO.
» de cuivre   CuO.
» de zinc   ZnO.

Si le même élément donne plusieurs oxydes en s'unissant à l'oxygène dans des proportions différentes, on distingue ces divers oxydes à l'aide de préfixes tels que : *proto, sesqui, bi, per,* etc., qui marquent une proportion d'oxygène de plus en plus grande.

Ainsi l'azote donne les trois oxydes suivants :

Protoxyde d'azote Az^2O.
Bioxyde d'azote   AzO.
Peroxyde d'azote AzO^2.

La même distinction se fait également à l'aide des suffixes **eux** ou **ique**, ajoutés au nom de l'élément qui se combine avec l'oxygène. On dit, par exemple :

L'oxyde mercureux Hg^2O.
» mercurique   HgO.

Remarque. — Un certain nombre d'oxydes métalliques ont conservé les noms qu'ils portaient avant l'introduction de la nomenclature chimique. Tels sont : la *potasse*, la *soude*, la *chaux*, la *magnésie*, la *baryte*, l'*alumine*, etc.

28. Composés binaires hydrogénés. — Les composés binaires hydrogénés comprennent deux catégories : les uns possèdent les propriétés des acides, on les nomme les **hydracides** ; les autres n'ont pas de propriétés acides ; par exemple, ils ne font pas virer au rouge la teinture bleue de tournesol.

A) Hydracides. — Pour former le nom d'un acide résultant de la combinaison de l'hydrogène avec un autre élément, on ajoute au nom de ce dernier la terminaison **hydrique**.

Quant à la formule de cet hydracide, on la compose au moyen des symboles de ses deux éléments, en commençant toujours par le symbole de l'hydrogène.

Exemples :   L'acide chlorhydrique   HCl.
» fluorhydrique   HFl.
» sulfhydrique H^2S.

B) Composés hydrogénés non acides. — Le nom d'un composé binaire hydrogéné non acide, se forme par l'addition de la terminaison **ure** à l'élément combiné avec l'hydrogène ; puis, à la suite du nom ainsi obtenu, on ajoute le complément déterminatif d'**hydrogène**.

Quant à la formule de ce *composé en ure,* elle se termine par le symbole de l'hydrogène.

Le carbone forme avec l'hydrogène une série de composés :

$$C^2H^2, \quad CH^4,$$

qui portent le nom commun de *carbures d'hydrogène ;* mais, ainsi que nous le verrons plus loin, chacun de ces *carbures* possède en outre un nom particulier.

29. Composés binaires qui ne renferment ni oxygène ni hydrogène. — Pour nommer tous les composés binaires qui ne contiennent pas d'oxygène ni d'hydrogène, on s'appuie sur les propriétés électro-chimiques des éléments.

Quand on électrolyse un composé binaire, l'un des éléments suit le sens du courant et se rend à l'électrode *négative ;* l'autre va en sens contraire et se rend à l'électrode *positive.* On convient de dire que le premier est *électro-positif* par rapport à l'autre, qui est *électro-négatif.*

Berzélius [1] a dressé le tableau suivant, dans lequel chaque élément est *électro-négatif* par rapport à tous ceux qui le suivent :

O, Fl, Cl, Br, I, S, Se, Az, P, C, Si, H, les métaux.

Ainsi l'hydrogène et tous les métalloïdes sont électro-négatifs par rapport aux métaux, et l'oxygène est le plus électro-négatif de tous les corps.

Cela posé, la règle à suivre pour nommer tous les composés binaires dont il s'agit et pour écrire leur formule peut s'énoncer d'une manière très simple :

Au nom du corps *électro-négatif,* on ajoute la terminaison **ure,** et l'on fait suivre le nom ainsi formé d'un complément déterminatif constitué par le nom de l'élément *électro-positif.*

Pour obtenir la *formule* de ce même composé, on écrit d'abord le symbole de l'élément *électro-positif,* puis le symbole de l'élément *électro-négatif.*

Trois cas peuvent se présenter, suivant que le composé binaire contient un métalloïde et un métal, ou bien deux métalloïdes, ou enfin deux métaux.

1° Dans la combinaison d'un métalloïde avec un métal, c'est le métalloïde qui est l'élément électro-négatif. Donc c'est le symbole du métal que l'on écrit le premier dans la formule, et c'est au contraire le nom du métalloïde qui prend la terminaison **ure.**

Exemples :   NaCl   se lit :   Chlorure de sodium.
                      $CaCl^2$ »   Chlorure de calcium.

---

[1] Berzélius, chimiste suédois (1779-1848); il a déterminé un grand nombre de poids atomiques, fait connaître le sélénium, isolé le silicium, le zirconium, etc.

Si les deux mêmes éléments se combinent en plusieurs proportions, le nom en *ure* reçoit des préfixes tels que : *proto* ou *mono*, *sesqui*, *bi*, *tri*, etc., qui indiquent l'exposant 1, $\frac{3}{2}$, 2, 3, etc., de l'élément *électro-négatif*.

Par exemple, le soufre et le potassium donnent les composés :

Monosulfure de potassium K^2S.
Bisulfure » K^2S^2,
Trisulfure » K^2S^3,

On peut également employer les terminaisons *eux* et *ique*.

Exemples : Cu^2Cl^2 chlorure cuivreux.
 $CuCl^2$ chlorure cuivrique.

2° Pour les combinaisons de deux métalloïdes, le tableau de Berzélius indique l'élément *électro-négatif*.

C'est le symbole de cet élément que l'on écrira le dernier dans la formule, et c'est son nom qui prendra la terminaison **ure**.

ICl se lit : Chlorure d'iode.
H^2S^2 » Bisulfure d'hydrogène.

3° Quant aux composés binaires formés par deux métaux, on ne les nomme pas d'après la règle générale ; mais on se contente de les désigner par le nom d'**alliage** suivi d'un déterminatif indiquant les deux métaux qui entrent dans la composition de cet alliage.

Exemple : Alliage de cuivre et d'étain.
 » de platine et d'iridium.

Si l'un des métaux est le mercure, le composé porte le nom d'*amalgame*.

Exemple : L'amalgame de sodium, Hg^6Na.

30. **Nomenclature des composés ternaires.** — Les composés ternaires comprennent les **oxacides**, les **hydrates** et les **sels oxygénés**.

A) **Oxacides.** — *On appelle* **oxacides** *les acides qui résultent de la combinaison des anhydrides avec l'eau.*

Ainsi l'*anhydride azotique*, Az^2O^5, combiné avec l'eau, H^2O, donne l'*acide azotique*, $Az^2O^6H^2$, que l'on peut écrire AzO^3H, en dédoublant tous les exposants.

D'après cet exemple, on voit comment se forme le nom de l'oxacide qui dérive d'un anhydride donné. Dans le nom de l'anhydride, il suffit de remplacer le mot *anhydride* par le mot *acide*, sans changer le qualificatif, qui reste ainsi le même pour l'un et pour l'autre.

Quant à la *formule* de l'oxacide, elle commence par la formule de l'anhydride, modifiée en ce qui concerne l'exposant de l'oxygène, et elle se termine par le symbole de l'hydrogène, affecté de l'exposant convenable.

Exemples :

Acide	carbonique	CO^3H^2.
»	sulfurique	SO^4H^2.
»	sulfureux	SO^3H^2.
»	azotique	AzO^3H.
»	azoteux	AzO^2H.

B) **Hydrates**. — *On appelle* **hydrates** *des composés qui résultent d'une action directe ou indirecte de l'eau sur les métaux.*

Ainsi le potassium au contact de l'eau détermine la réaction exprimée par l'équation :

$$K + HOH = KOH + H.$$

Il se forme le composé KOH, qui est un *hydrate de potassium*. Tous les composés analogues se désignent de même par ce mot **hydrate** suivi d'un déterminatif constitué par le nom du métal.

Pour obtenir la formule d'un hydrate, on écrit d'abord le symbole du métal, et on le fait suivre du groupement (OH) appelé **oxhydrile**, affecté d'un exposant marqué par la *valence* du métal.

Exemples :

Hydrate de potassium		$K(OH)$.
»	de sodium	$Na(OH)$.
»	de cuivre	$Cu(OH)^2$.
»	de baryum	$Ba(OH)^2$.
»	de bismuth	$Bi(OH)^3$.

Bases. — Parmi les hydrates, il en est qui prennent le nom de **bases**, parce qu'ils jouissent d'une propriété particulière opposée à la *propriété acide*, et que l'on appelle **propriété basique**.

On appelle **bases** *les hydrates qui, en présence des acides, déterminent une double décomposition donnant naissance à un sel et à de l'eau.*

Les **bases** ramènent au bleu la teinture rougie du tournesol, et rougissent la *phtaléine du phénol*.

On admettait autrefois, dans les anciennes théories, qu'un hydrate renferme un oxyde et de l'eau. Mais il est aisé de voir, par exemple, que l'hydrate de potassium (KOH) ne renferme ni eau, ni oxyde. Pour assimiler la potasse à une combinaison d'eau (H^2O) et d'oxyde de potassium (K^2O), il faudrait doubler la molécule de la potasse et l'écrire $K^2O^2H^2 = (K^2O) + (H^2O)$. Mais l'analyse et la détermination du poids moléculaire prouvent que la véritable formule est (KOH). On n'a donc pas le droit de la doubler.

Cependant il existe quelques hydrates dans lesquels on peut admettre l'existence de l'eau; tel l'*hydrate de baryum* $Ba(OH)^2$. L'évaporation de la dissolution aqueuse de cet hydrate laisse déposer des cristaux ayant pour composition $Ba(OH)^2 + 9H^2O$.

Si l'on chauffe ces cristaux, 9 molécules d'eau s'évaporent, et il reste toujours

Ba(OH)². L'action d'un acide sur l'hydrate à une molécule d'eau Ba(OH)², ou sur l'hydrate à 10 molécules d'eau Ba(OH)² + 9H²O, laisse déposer le même sel. Ainsi, les 9 molécules d'eau peuvent être chassées par la chaleur, et, dans les réactions, elles ne jouent aucun rôle chimique. C'est pourquoi on les appelle *eau de cristallisation*, tandis que la 10ᵉ molécule d'eau se nomme *eau de constitution*.

C) Sels oxygénés. — *On appelle* **sel** *le résultat de la substitution d'un métal à l'hydrogène basique d'un acide.*

Les molécules d'hydrogène contenues dans un acide ne peuvent pas toujours être toutes remplacées par un métal. L'hydrogène, que l'on qualifie de **basique**, est précisément *celui qui peut être remplacé par un métal.*

On appelle **sels oxygénés** *ceux qui proviennent de la substitution d'un métal à l'hydrogène basique d'un* **oxacide.**

Pour former le nom d'un sel oxygéné, on commence par modifier le nom de l'oxacide en changeant sa terminaison **ique** en **ate**, ou **eux** en **ite**; puis on fait suivre le nom ainsi obtenu d'un complément déterminatif, indiquant le nom du métal qui s'est substitué à l'hydrogène.

Par exemple, l'acide azotique (AzO³H) avec l'argent (Ag) donne :

L'azotate d'argent   AzO³Ag.

Pour obtenir la *formule* d'un sel, on écrit d'abord celle du **radical** acide, c'est-à-dire le groupement qui subsiste après la suppression de l'hydrogène; puis, à la suite de ce radical, on écrit le symbole du métal substitué à l'hydrogène.

Exemples :   Azotate de potassium   AzO³K.

»   de sodium   AzO³Na.

Double décomposition. — *La fonction principale des sels est de se prêter aisément à la* **double décomposition.**

Par exemple, si l'on met en présence de l'azotate d'argent (AzO³Ag) et du chlorure de potassium (KCl), il se produit entre ces deux sels une réaction complète, exprimée par l'équation :

AzO³Ag + KCl = AzO³K + AgCl.

Ainsi les deux premiers sels se décomposent mutuellement, pour faire place à deux sels nouveaux : l'azotate de potassium et le chlorure d'argent.

Sels acides, sels neutres. — On dit qu'un *sel* est **acide** quand il renferme encore de l'hydrogène basique, c'est-à-dire de l'hydrogène remplaçable par un métal.

Le *sel* est **neutre** quand il ne contient plus d'hydrogène basique.

Par exemple, dans l'acide sulfurique SO^4H^2, on peut remplacer un ou deux atomes d'hydrogène par un métal monovalent. Avec le potassium K, on obtient :

SO^4KH : sulfate *acide* de potassium

ou SO^4K^2 : sulfate *neutre* de potassium.

Autre définition d'un sel. — *Un sel peut être considéré comme un hydrate dans lequel les oxhydriles ont été remplacés, en tout ou en partie, par le radical d'un acide.*

Les **oxhydriles** sont les groupements (OH).

Le **radical** d'un acide est le groupement que l'on obtient en supprimant, dans la formule de cet acide, les atomes d'hydrogène basique.

Ainsi, au lieu de concevoir l'azotate de potasse (AzO^3K) comme l'acide azotique (AzO^3H), dans lequel H a été remplacé par K, on peut regarder cet azotate comme l'hydrate de potassium $\{K(OH)\}$, dans lequel l'oxhydrile (OH) a été remplacé par le radical (AzO^3) de l'acide azotique.

La *valence* d'un radical acide est égale à sa *basicité*, c'est-à-dire au *nombre d'atomes d'hydrogène basique que renferme l'acide*.

Par exemple, pour un acide *monobasique* (AzO^3H), le radical (AzO^3) est *monovalent*; pour un acide *bibasique* (SO^4H^2), le radical (SO^4) est *bivalent*, etc.

Sels basiques. — *On dit qu'un sel est basique tant qu'il renferme encore des oxhydriles remplaçables.*

Par exemple, en faisant réagir une molécule d'acide azotique (AzO^3H) sur une molécule d'hydrate de baryum $\{Ba(OH)^2\}$, on obtient :

$$Ba\!<^{OH}_{OH} + AzO^3H = Ba\!<^{AzO^3}_{OH} + H^2O.$$

Le sel ainsi formé $\{Ba(AzO^3)(OH)\}$, qui renferme encore un oxhydrile remplaçable, est un sel *basique*.

Sels mixtes. — On obtient ce que l'on appelle un **sel mixte** quand on remplace plusieurs atomes d'hydrogène basique par des métaux différents ; ou, ce qui revient au même, quand on remplace les oxhydriles d'un hydrate basique par des radicaux acides différents.

Par exemple, dans l'acide sulfurique SO^4H^2, on peut remplacer l'un des atomes d'hydrogène par K, l'autre par Na. On obtient le sel mixte (SO^4KNa).

Ces sels *mixtes* ne doivent pas être confondus avec les sels *doubles*.

Sels doubles. — *Les sels doubles proviennent de la combinaison de deux sels ayant un même acide avec des bases différentes.*

La formule d'un sel double s'obtient en juxtaposant les formules des deux sels qui entrent dans la composition de ce sel double.

Quand on mélange, par exemple, deux dissolutions saturées, l'une de sulfate de potassium (SO^4K^2), l'autre de sulfate d'alumine } ($(SO^4)^3Al^2$) }, on obtient un précipité blanc, cristallisé, ayant pour formule :

$$(SO^4)^3Al^2, K^2SO^4.$$

C'est un sulfate *double* d'alumine et de potasse.

Sels haloïdes. — *On appelle sels haloïdes ceux qui dérivent des hydracides.*

On les lit et on les écrit de la même manière que les autres composés en **ure**.

La formule d'un sel *haloïde* s'obtient au moyen de la formule de l'*hydracide* correspondant; il suffit de remplacer le symbole de l'hydrogène par celui du métal.

Exemple : L'acide chlorhydrique (HCl), avec l'argent (Ag), donne le chlorure d'argent $AgCl$.

31. Équations chimiques. — *Une équation chimique est une égalité dont le premier membre contient les formules de divers corps qui réagissent les uns sur les autres, et dont le second membre contient les formules de tous les produits de la réaction.*

Exemple :

$$SO^4H^2 + Zn = SO^4Zn + H^2.$$

Acide sulfurique.   Zinc.   Sulfate de zinc.   Hydrogène libre.

Puisque chaque symbole représente un poids atomique et chaque formule un poids moléculaire, il s'ensuit que *toute équation chimique est une identité entre deux sommes de poids moléculaires.*

Tous les atomes contenus dans le premier membre doivent se retrouver dans le second; de telle sorte que la somme des poids atomiques correspondants soit la même de part et d'autre du signe égal.

CHAPITRE PREMIER

AIR

32. Historique. — L'air fut considéré comme un corps simple jusqu'à la fin du XVIIIe siècle, époque où Lavoisier reconnut que c'était un mélange de deux gaz différents : l'oxygène et un autre gaz auquel il donna le nom d'azote. Ce n'est que cent ans plus tard, c'est-à-dire à une époque toute récente, que l'on s'est aperçu que cet autre gaz n'était lui-même qu'un mélange, composé en grande partie d'azote, mais contenant avec celui-ci plusieurs autres gaz très distincts.

33. Expérience de Lavoisier. — Lavoisier chauffait du mercure dans un ballon à long col, communiquant avec une cloche pleine d'air, placée sur une cuve à mercure (fig. 4).

Après avoir chauffé pendant deux jours, il constata que des pellicules rouges se formaient dans le ballon à la surface du mercure, tandis que l'air de la cloche éprouvait une diminution de volume. Il continua à chauffer ainsi pendant douze jours, et il put constater qu'il ne se produisait plus aucune augmentation dans la quantité des pellicules, et que le volume gazeux resté dans la cloche demeurait invariable. L'expérience lui parut terminée.

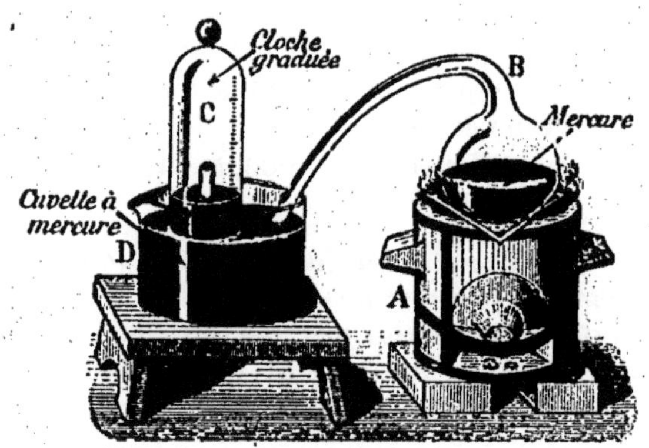

Fig. 4. — Analyse de l'air par Lavoisier.

On chauffe du mercure dans une cornue B, dont le col se rend sous une cloche C pleine d'air placée sur la cuve à mercure.

On constate que le volume de l'air est réduit de $\frac{1}{6}$ environ.

Le gaz de la cloche, réduit à peu près aux $\frac{5}{6}$ de son volume primitif, n'entretenait plus la combustion, ni la respiration; à cause de cette propriété, ce résidu gazeux reçut le nom d'azote.

Ayant recueilli les pellicules rouges, Lavoisier les chauffa dans un ballon, et constata qu'elles se décomposaient en donnant du mercure et en dégageant un gaz doué des propriétés de l'**oxygène**.

Le volume de cet oxygène était d'ailleurs à peu près identique à la diminution qu'avait éprouvée le volume de l'air dans la cloche.

D'après cette expérience, Lavoisier conclut que l'air était un mélange d'oxygène et d'azote, dans la proportion de 1 volume d'oxygène pour 5 volumes d'azote.

Cette proportion n'est pas tout à fait exacte; dans l'expérience de Lavoisier, l'absorption de l'oxygène n'était pas totale; elle était limitée par la décomposition de l'oxyde de mercure formé.

34. Composition de l'air. — La détermination de la composition de l'air a été l'objet d'un grand nombre d'analyses, effectuées par les plus habiles expérimentateurs. Ces recherches ont donné la proportion de 1 volume d'oxygène pour 4 volumes d'azote, en ne décelant dans l'air atmosphérique, avec l'oxygène et l'azote, qu'une très faible quantité de gaz carbonique et de vapeur d'eau. Faute de savoir mettre en évidence la complexité du mélange qui portait le nom d'azote, on a cru, et l'on a enseigné pendant tout un siècle, que l'air était un mélange de composition extrêmement simple d'oxygène, d'azote, de gaz carbonique et de vapeur d'eau.

35. Analyses volumétriques de l'air. — 1° **Analyse par le phosphore à froid.** — Sous une éprouvette graduée contenant 100cc d'air et reposant sur la cuve à eau, on introduit un bâton de phosphore humide (fig. 5). On constate que l'eau monte peu à peu dans l'éprouvette et que son niveau devient stationnaire quand $\frac{1}{5}$ environ du volume de l'air a disparu. Le gaz disparu est de l'oxygène, qui s'est combiné avec le phosphore.

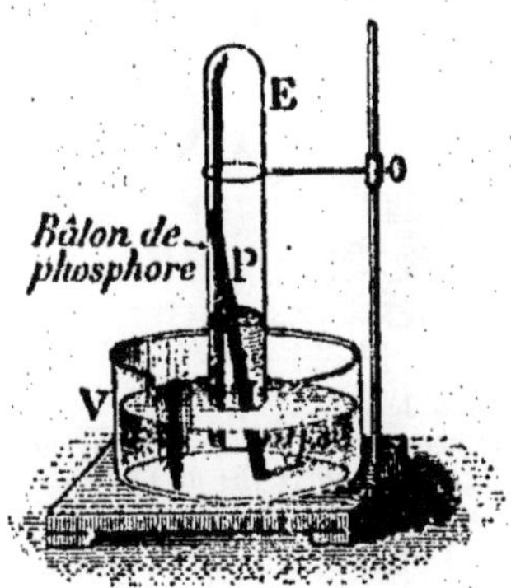

Fig. 5. — Analyse de l'air par le phosphore à froid.

Un morceau de phosphore P, introduit dans l'atmosphère d'une éprouvette E pleine d'air et maintenue sur l'eau d'un vase V, absorbe peu à peu l'oxygène de l'air, et l'eau monte dans l'éprouvette.

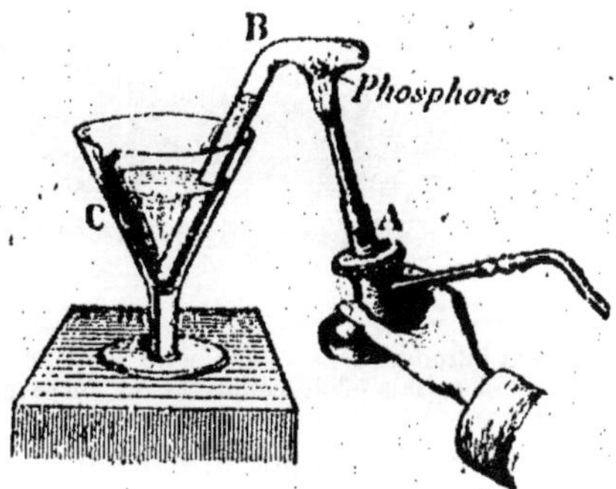

Fig. 6.
Analyse de l'air par le phosphore à chaud.

On chauffe, à l'aide du bec A, un fragment de phosphore placé dans la courbure de l'éprouvette B, pleine d'air et maintenue sur l'eau. Le phosphore se vaporise et brûle en absorbant l'oxygène de l'atmosphère contenue dans l'éprouvette.

2° **Analyse par le phosphore à chaud.** — On obtient le même résultat d'une manière plus rapide avec le phosphore à chaud. L'air soumis à l'expérience est contenu dans une éprouvette courbe, reposant sur la cuve à eau (fig. 6). On introduit dans la partie courbe un fragment de phosphore, que l'on chauffe. Le phosphore se vaporise, puis sa vapeur s'enflamme et brûle aux dépens de l'oxygène de l'air. La flamme descend jusqu'au niveau de l'eau, où elle s'éteint.

L'expérience est alors terminée, et l'on constate que $^1/_5$ environ
du volume de l'air a disparu.

3° **Analyse par l'acide pyrogallique, en présence de la potasse.** —
Dans une éprouvette graduée reposant sur la cuve à mercure, on
introduit un volume d'air déterminé, puis un peu de potasse caustique et une dissolution d'acide pyrogallique. Celle-ci absorbe l'oxygène; et quand le niveau du mercure est devenu stationnaire, on
constate que le volume gazeux primitif est réduit de $^1/_5$ environ.

4° **Analyse eudiométrique.** — Dans un tube épais appelé *eudiomètre*, reposant sur la cuve à mercure, on introduit 100 volumes
d'air et 100 volumes d'hydrogène (fig. 7). En faisant passer l'étincelle

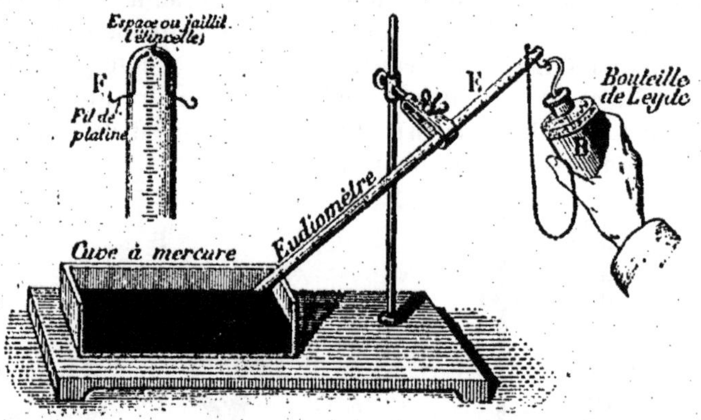

Fig. 7. — Analyse eudiométrique de l'air.
On introduit dans l'eudiomètre 100 volumes d'hydrogène et 100 volumes d'oxygène,
et on fait jaillir l'étincelle sur l'espace laissé libre entre deux fils de platine.

électrique, on détermine la combinaison de l'oxygène avec l'hydrogène
pour former de l'eau. Alors le résidu gazeux se réduit à 137 volumes.
Donc 63 volumes ont disparu pour donner de l'eau à l'état liquide.

Or l'eau est formée de 2 volumes d'hydrogène pour 1 volume
d'oxygène; c'est-à-dire que le tiers du volume disparu ou 21 volumes
étaient de l'oxygène emprunté aux 100 volumes d'air. Donc 100 volumes d'air contiennent 21 volumes d'oxygène, et 79 volumes d'un
mélange formé en grande partie d'azote, mais qui renferme en outre
plusieurs autres gaz récemment découverts.

36. Analyse pondérale de l'air. — L'analyse de l'air en poids
est due à MM. Dumas [1] et Boussingault [2].

---

[1] DUMAS, né à Alais en 1800, professa la chimie à l'Athénée royal, à la Sorbonne, au
Collège royal, à l'École polytechnique et à l'École de médecine. Il fut élu en 1876 membre
de l'Académie, et mourut à Cannes en 1884.

[2] BOUSSINGAULT, chimiste et agronome français, né à Paris (1802-1887).

L'appareil comprend un tube en verre fermé par deux robinets, contenant de la tournure de cuivre préalablement oxydée, puis réduite. Le robinet B le met en communication avec un ballon de verre (fig. 8); le robinet A le fait communiquer avec une série de tubes en U, contenant les uns de la potasse, les autres de la ponce sulfurique.

Ayant fermé le robinet A et ouvert le robinet B, on fait le vide dans le ballon de verre et dans le tube à tournure de cuivre; puis on ferme le robinet B, et l'on chauffe au rouge le tube à tournure de cuivre.

Alors on ouvre le robinet A. L'air aspiré à travers les tubes en U leur cède d'abord son gaz carbonique, puis sa vapeur d'eau, et il parvient ainsi débarrassé jusqu'au cuivre chauffé au rouge, qui s'empare de son oxygène.

Ensuite on ouvre peu à peu les robinets B et C, par lesquels le résidu gazeux accède dans le ballon.

Un tube de Liebig [1] (ou tube à ampoules), placé à l'entrée et contenant une dissolution de potasse, permet de constater le passage de l'air, et il avertit quand ce gaz ne passe plus. L'expérience terminée, on ferme les robinets et l'on pèse.

Le poids du gaz carbonique est donné par l'accroissement du poids des tubes à potasse; et celui de la vapeur d'eau, par l'augmentation de poids des tubes à ponce sulfurique.

L'azote est contenu dans le ballon et dans le tube à tournure de

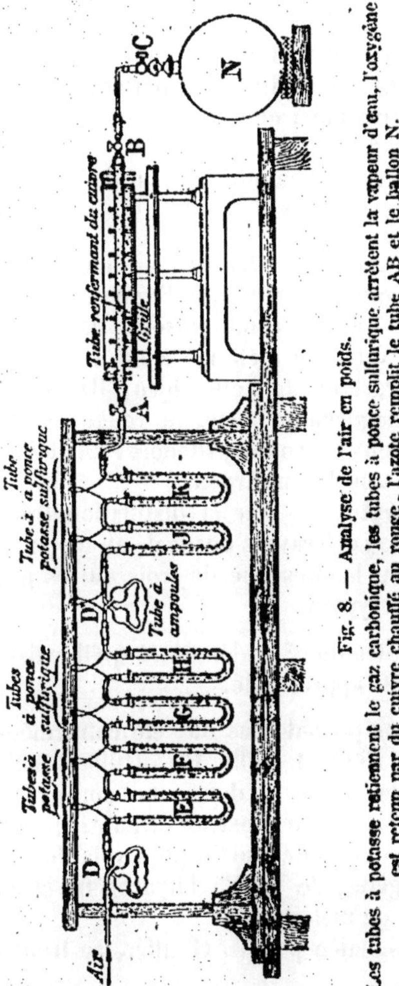

Fig. 8. — Analyse de l'air en poids.

Les tubes à potasse retiennent le gaz carbonique, les tubes à ponce sulfurique arrêtent la vapeur d'eau, l'oxygène est retenu par du cuivre chauffé au rouge, l'azote remplit le tube AB et le ballon N.

---

[1] LIEBIG, chimiste allemand remarquable par ses travaux sur la chimie organique (1803-1873).

cuivre. On fait le vide dans ce dernier, en ayant soin de le peser avant et après. Sa diminution de poids donne le poids de l'azote qu'il contenait. Ce poids, ajouté à l'augmentation de poids du ballon, donne le poids total de l'azote.

Enfin, le poids de l'oxygène est donné par l'augmentation du poids de la tournure de cuivre, c'est-à-dire par l'augmentation de poids du tube vide de gaz, au commencement et à la fin de l'expérience.

Dumas et Boussingault ont trouvé ainsi que l'air se compose, en poids, de 23 $^0/_0$ d'oxygène et de 77 $^0/_0$ d'azote.

Tel est le résultat qui fit autorité, et l'idée que l'on eut de la composition de l'air, jusqu'à la fin du XIXe siècle.

37. Les nouveaux gaz de l'air. — 1° L'argon. — Lord Rayleigh et M. Ramsay[1] avaient remarqué, en 1892, que l'azote retiré de l'air est plus lourd que l'azote retiré de ses combinaisons. Ils en ont conclu que l'azote retiré de l'air devait être mélangé à un autre gaz plus lourd et encore inconnu. Partant de cette idée, ils firent absorber l'azote de l'air par le magnésium porté au rouge, et ils obtinrent, en 1894, un résidu gazeux, incolore, inodore, vingt fois plus lourd que l'hydrogène, qu'ils appelèrent argon.

2° **Le néon, le xénon et le crypton.** — Par la distillation fractionnée de l'air liquide, MM. Ramsay et Travers ont isolé un mélange gazeux dans lequel ils ont reconnu la présence de trois autres gaz nouveaux : le **néon**, le **xénon** et le **crypton**.

3° **L'hydrogène.** — M. Armand Gautier[2] a démontré qu'il existe dans l'air de l'**hydrogène** en quantité appréciable.

4° **L'hélium**[3]. — Les découvertes précédentes ont été confirmées et complétées par M. Dewar, en 1898 et 1899. En distillant l'air liquide et en faisant condenser les vapeurs dans une éprouvette refroidie par l'hydrogène liquide, M. Dewar a extrait de l'air la partie la plus volatile. Or il a constaté que cette partie plus volatile est composée en poids de 6 $^0/_0$ d'oxygène, de 43 $^0/_0$ d'hydrogène et de 51 $^0/_0$ d'autres gaz; le tout à l'état de mélange.

La présence de l'hydrogène, signalée par M. Gautier, se trouve ainsi confirmée.

Dans le résidu de 51 $^0/_0$, M. Dewar a trouvé de l'azote, puis de l'argon et les trois autres gaz découverts par MM. Ramsay et Tra-

---

[1] RAYLEIGH, RAMSAY, DEWAR, TRAVERS, chimistes anglais contemporains.

[2] ARMAND GAUTIER, chimiste français, né à Narbonne en 1837, membre de l'Institut.

[3] L'hélium, le néon, le xénon et le crypton furent découverts peu de temps après l'argon. Parmi ces gaz, le premier nommé (l'hélium) avait été signalé, dès 1869, par MM. Lockyer et Frankland, dans la chromosphère du soleil. Palmieri en avait trouvé des traces dans le spectre de la colonne lumineuse qui s'échappe du Vésuve. Enfin, en mars 1895, M. Ramsay constata la présence de ce corps dans l'air atmosphérique.

vers, enfin plusieurs autres gaz non encore mentionnés et notamment l'**hélium**; gaz dont la présence a été révélée par l'analyse spectrale dans la chromosphère du soleil.

5° **Le coronium.** — Poursuivant ses recherches en collaboration avec M. Liveing, M. Dewar a poussé plus loin la distillation fractionnée de l'air liquide. Il fit passer lentement les produits de la distillation précédente dans un serpentin refroidi à l'hydrogène liquide, et parvint ainsi à les débarrasser de tous les gaz les moins volatils. Les produits de la distillation finale furent soumis à l'analyse spectrale. Parmi les raies observées, les seules connues sont celles de l'hydrogène, de l'hélium et du néon. Trois autres sont très voisines des raies que l'on observe dans le spectre des nébuleuses : il peut se faire qu'elles appartiennent à des corps nouveaux, ou bien à des corps connus placés dans un état physique spécial.

Enfin, les autres raies observées sont dans le voisinage immédiat de certaines raies du spectre solaire qu'on n'a pas encore pu identifier, et que l'on attribue provisoirement à un élément nouveau, le **coronium**, qui surnagerait à l'hydrogène dans les couches extrêmes de la chromosphère du soleil. Le *coronium serait donc plus léger que l'hydrogène.*

Les dernières raies qui viennent d'être mentionnées sont certainement étrangères à l'hydrogène, à l'hélium et au néon; mais, d'après MM. Dewar et Liveing, des mesures plus précises sont encore nécessaires, avant qu'on puisse les identifier avec celles du coronium, et affirmer positivement l'existence du coronium dans l'atmosphère terrestre.

38. Dosage de la vapeur d'eau et du gaz carbonique dans l'air. — Le dosage de la vapeur d'eau et celui du gaz carbonique s'effectuent d'après la méthode employée par Dumas et Boussingault pour l'analyse pondérale de l'air. Mais ces deux opérations peuvent aussi se pratiquer isolément.

Il suffit de faire passer un volume connu d'air atmosphérique dans une série de tubes en U, contenant les premiers de la ponce sulfurique qui absorbera la vapeur d'eau, les suivants de la potasse qui absorbera le gaz carbonique.

Mode opératoire. — Cette manipulation n'est autre que celle de *l'hygromètre chimique.* Pour faire passer l'air dans les tubes en U, il suffit de les mettre en communication avec la partie supérieure d'un aspirateur rempli d'eau, ayant un volume connu. L'aspiration se produit dès que l'on ouvre le robinet d'écoulement situé à la partie inférieure de l'aspirateur (fig. 9). Ce robinet est muni d'un ajutage recourbé qui empêche la rentrée de l'air. Ce gaz ne pénétrera donc dans l'aspirateur qu'en traversant les tubes en U, dont l'autre extrémité est ouverte dans l'atmosphère.

Résultats. — Quand l'eau de l'aspirateur est complètement écoulée, les tubes en U ont été traversés par une masse d'air de volume connu V.

Le poids de vapeur d'eau contenue dans cet air est donné par l'augmentation de poids des tubes à ponce sulfurique; le poids du gaz carbonique est égal à l'accroissement de poids des tubes à potasse.

L'air atmosphérique renferme à peu près invariablement les $^3/_{10\,000}$ de son volume de gaz carbonique.

La proportion de vapeur d'eau, qui mesure l'état hygrométrique

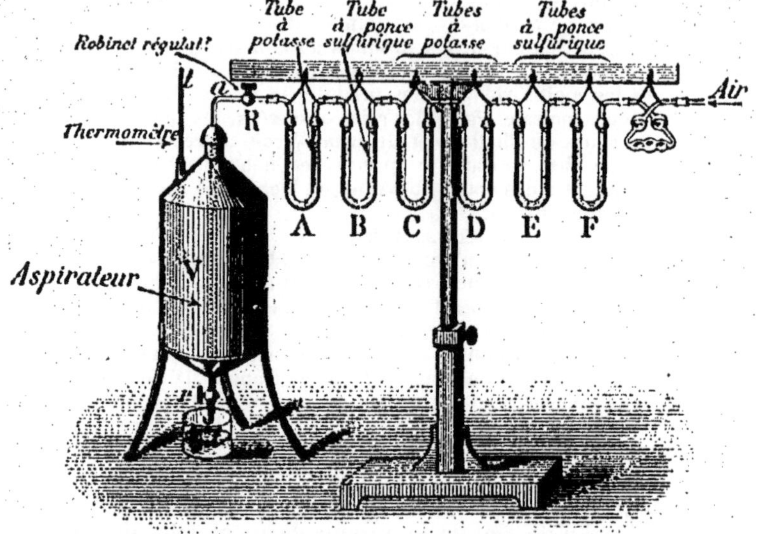

Fig. 9. — Dosage de la vapeur et du gaz carbonique dans l'air.

de l'air, varie, au contraire, avec le lieu et avec le moment de l'expérience.

39. Propriétés de l'air. — L'air est un gaz incolore sous une faible épaisseur, et bleu sous une épaisseur considérable.

Aux conditions normales de température et de pression, c'est-à-dire à 0° et sous une pression de 76^{cm}, il pèse 773 fois moins que l'eau, c'est-à-dire 1^{gr},293 par litre.

Comme on a coutume de prendre la densité des gaz par rapport à l'air, le poids normal du litre d'air représente l'unité de densité des corps gazeux.

L'air entretient la combustion et la respiration, grâce à l'oxygène qu'il contient.

L'air a été liquéfié dès que l'on a su le refroidir au-dessous de sa température critique. La liquéfaction de l'air est aujourd'hui une opération industrielle assez simple; le froid nécessaire s'obtient par une suite de compressions suivies de détentes brusques.

L'air liquide est limpide, avec une légère teinte bleue. Sa température d'ébullition est de — 191°.

C'est un explosif puissant et un réfrigérant énergique.

Les premières vapeurs qui s'en dégagent sont formées d'oxygène presque pur, parce que ce dernier corps, qui bout à —180° sous la pression atmosphérique, est plus volatil que l'azote, qui bout seulement à — 193°.

CHAPITRE II

AZOTE

Poids atomique — 11.   Symbole : Az.   Poids moléculaire = 28.

40. Historique. — Vers le milieu du xviiᵉ siècle (1669), un chimiste anglais, Mayow, constata que l'air confiné dans un récipient devient irrespirable, après qu'une combustion s'y est effectuée.

Un peu plus tard (en 1772), Rutherford [1] étudia les propriétés de ce gaz irrespirable, que l'on obtient en absorbant de l'oxygène de l'air par le fait d'une combustion.

Lavoisier, qui croyait avoir affaire à un corps simple, lui donna le nom d'*azote*, indiquant sa principale propriété.

On sait aujourd'hui que le gaz en question n'est qu'un mélange dont l'azote pur constitue la majeure partie.

41. État naturel. — L'azote est très répandu dans la nature. Il entre pour plus de moitié dans la composition de l'air atmosphérique. On le trouve dans un très grand nombre de composés minéraux et organiques.

42. Préparations. — A) **Anciennes préparations de l'azote.** — Longtemps on a cru préparer de l'azote pur au moyen de l'air atmosphérique, en débarrassant cet air des seuls corps que l'on savait y être mélangés avec l'azote : l'oxygène, le gaz carbonique et la vapeur d'eau.

1° On peut absorber l'oxygène à l'aide du phosphore. Dans un têt à rôtir, placé sur un liège flottant à la surface de l'eau, on enflamme un morceau de phosphore sec (fig. 10), et l'on recouvre le tout avec une cloche pleine d'air, que l'on fait plonger un peu dans l'eau. Le phosphore se transforme en fumées blanches d'anhydride phosphorique P^2O^5, aux dépens de l'oxygène contenu dans l'air emprisonné

[1] RUTHERFORD, chimiste anglais (1759-1819).

sous la cloche. Ces fumées se dissipent peu à peu, en se dissolvant dans l'eau.

2° Pour absorber le gaz carbonique et la vapeur d'eau contenus dans le résidu gazeux, il suffit de faire passer celui-ci dans des tubes en U, contenant les uns de la potasse qui retiendra le gaz carbonique, les autres de la ponce sulfurique qui retiendra la vapeur d'eau.

Le résidu final serait de l'azote pur, comme on le croyait autrefois, s'il ne contenait en outre tous les nouveaux gaz que nous avons énumérés plus haut, à propos des découvertes récentes sur la composition de l'air.

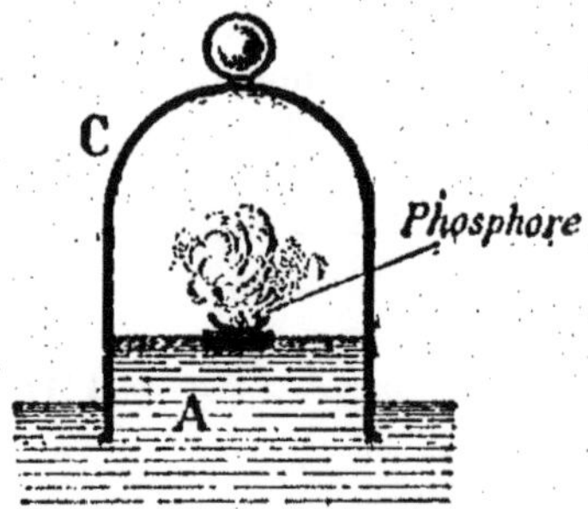

Fig. 10. — Préparation de l'azote par la combustion du phosphore.

Remarque. — La même préparation de l'azote impur aurait pu se

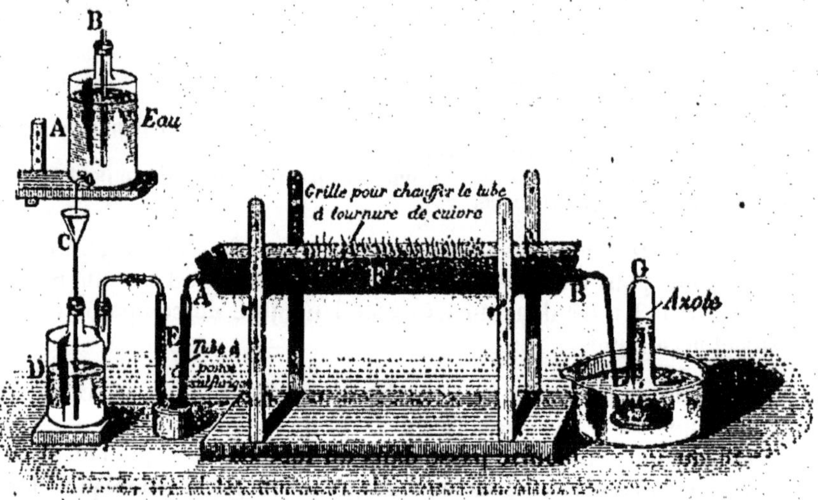

Fig. 11. — Préparation de l'azote par l'action du cuivre au rouge sur l'air.

faire d'après la méthode de Dumas et Boussingault pour l'analyse pondérale de l'air.

On fait passer l'air successivement dans des tubes en U contenant de la potasse et de la ponce sulfurique, puis dans un tube contenant de la tournure de cuivre chauffée au rouge (fig. 11). L'air, chassé ou aspiré à travers ces tubes, abandonne son gaz carbonique dans la potasse, sa vapeur d'eau dans la ponce sulfurique, et son oxygène sur le cuivre qui s'oxyde à ses dépens.

Le résidu gazeux qui a subi ces épurations successives est un mélange dont l'azote constitue sans doute la majeure partie.

B) **Préparation de l'azote pur.** — On obtient aisément de l'azote pur, en soumettant certains composés de l'azote à l'action de la chaleur.

1° Ainsi une dissolution concentrée d'azotite d'ammonium, ou bien une dissolution d'azotite de potassium et de chlorure d'ammonium chauffées dans une cornue de verre (fig. 12), donne suivant le cas :

$$AzO^2AzH^4 = 2H^2O + 2Az.$$

Azotite   Eau.   Azote.
d'ammonium.

$$AzO^2K + AzH^4Cl = KCl + 2H^2O + 2Az.$$

Azotite   Chlorure   Chlorure   Eau.   Azote.
de potassium.   d'ammonium.   de
                                potassium.

La cornue est munie d'un tube à dégagement par lequel l'azote se rend sous une éprouvette disposée sur la cuve à eau.

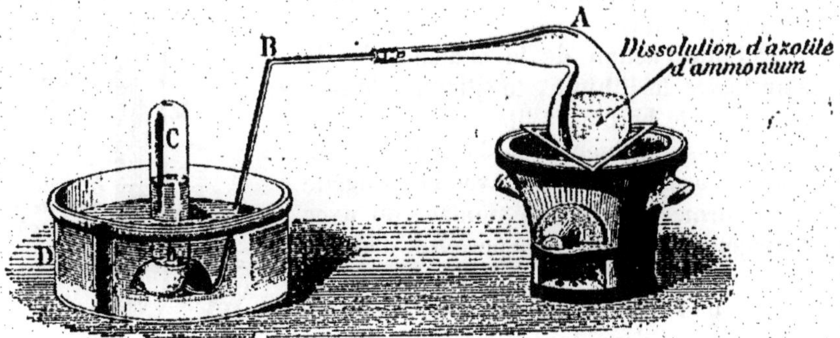

Fig. 12. — Préparation de l'azote par la décomposition de la dissolution d'azotite d'ammonium.

2° Si du gaz ammoniac passe dans un tube en verre contenant de l'oxyde de cuivre chauffé au rouge, la réaction est la suivante :

$$2AzH^3 + 3CuO = 2Az + 3H^2O + 3Cu.$$

Gaz   Oxyde   Azote.   Eau.   Cuivre.
ammoniac.   de cuivre.

Il se dégage donc un mélange d'azote et de vapeur d'eau, qui peut contenir en outre du gaz ammoniac non décomposé. C'est pourquoi, avant de recueillir ce mélange sur la cuve à eau, on le fait passer dans un second tube contenant du cuivre chauffé au rouge, puis dans deux tubes en U contenant de la potasse et de la ponce sulfurique où l'azote achève de se purifier complètement.

43. Propriétés physiques. — L'azote est un gaz incolore, inodore, sans saveur, un peu plus léger que l'air, puisque sa densité est 0,967.

Il est très peu soluble dans l'eau. A 0° l'eau n'en dissout guère que les 2 %₀ de son volume, c'est-à-dire exactement 24^{cc} par litre.

L'azote a été liquéfié pour la première fois en 1878, par M. Cailletet [1]. Sa température critique est — 146°; sa pression critique, 33 atmosphères. L'azote liquide est transparent. Il bout à — 193°. MM. Wrobleswski et Olszewski [2] ont étudié les propriétés de ce liquide et sont parvenus à le solidifier sous forme de neige, vers — 200° et sous une pression de 60 atmosphères.

44. Propriétés chimiques. — Comme son nom le rappelle, l'azote est impropre à l'entretien de la vie. Il n'est ni comburant ni combustible.

Une bougie allumée, plongée dans une atmosphère d'azote, s'y éteint immédiatement (fig. 13). L'azote ne trouble pas l'eau de chaux, ce qui le différencie du gaz carbonique.

Les affinités chimiques de l'azote sont très faibles.

Cependant quelques combinaisons peuvent se produire :

1° Sous l'action de la chaleur, l'azote s'unit avec le lithium, le silicium, le magnésium, le bore et le titane.

2° Sous l'influence de l'étincelle électrique, l'azote se combine avec l'hydrogène pour former du gaz ammoniac, ou avec l'oxygène pour donner du peroxyde d'azote, ou avec l'acétylène à volume égal pour former de l'acide cyanhydrique.

3° Enfin, dans toutes les combustions vives opérées dans l'air, il se produit des composés oxygénés de l'azote.

4° L'azote atmosphérique modère l'action trop énergique de l'oxygène dans les phénomènes de la respiration des animaux. On a pu faire vivre des oiseaux dans une atmosphère où l'azote a été remplacé par de l'hydrogène. Ceci prouve que, dans la respiration, l'azote joue un rôle purement modérateur et passif.

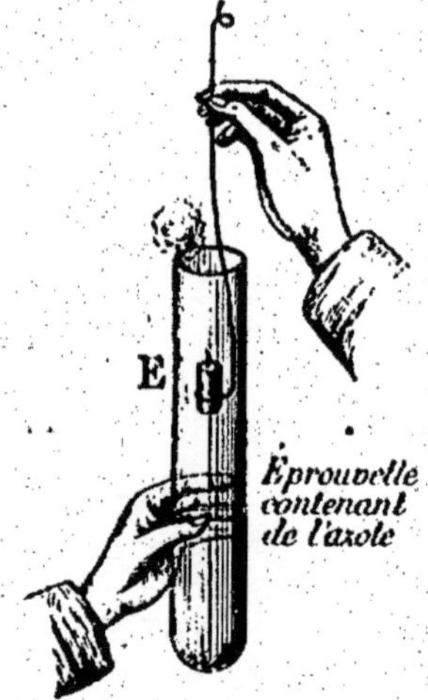

Fig. 13.
L'azote n'est pas comburant.
Une bougie allumée s'éteint si on l'introduit dans une éprouvette E pleine d'azote.

---

[1] CAILLETET, industriel français, imagina en 1877 des appareils qui permettent de liquéfier les gaz regardés jusqu'alors comme permanents.

[2] WROBLESWSKI et OLSZEWSKI, chimistes russes contemporains.

CHAPITRE III

OXYGÈNE ET COMBUSTION

§ 1. — OXYGÈNE

Poids atomique = 16. Symbole : O. Poids moléculaire = 32.

45. Historique. — L'oxygène fut découvert à la fin du XVIIIe siècle, en Angleterre, par Priestley [1] (1772), et en Suède, par Scheele (1774), qui lui donna le nom d'*air vital*.

Priestley l'obtint par l'action de la chaleur sur le nitre et sur l'oxyde de mercure.

Scheele l'obtint par l'action de l'acide sulfurique sur le bioxyde de manganèse.

Lavoisier reconnut (en 1776) que le nouveau gaz donne des acides en se combinant avec les métalloïdes; il en conclut, à tort, que cet élément était essentiel à la constitution de tous les acides, et il lui donna le nom d'*oxygène* (j'engendre les acides).

46. État naturel. — L'oxygène est un des corps les plus répandus dans la nature.

A l'état de mélange, il entre à peu près pour $\frac{1}{5}$, en volume, dans la composition de l'air atmosphérique.

A l'état de combinaison, on le trouve dans l'eau, dont il forme les $\frac{8}{9}$ en poids, et dans un très grand nombre de composés minéraux ou organiques.

47. Préparations de l'oxygène. — **1° Par le chlorate de potassium.** — Le chlorate de potassium ClO^3K, sous l'action de la chaleur, cède son oxygène et se transforme en chlorure de potassium KCl, d'après l'équation :

$$2ClO^3K = 2KCl + 3O^2.$$

Chlorate   Chlorure   Oxygène.
de potassium. de potassium.

Cette équation n'exprime que le résultat final d'une double transformation. Dans la première phase de l'expérience, l'oxygène libéré ne se dégage qu'en partie; l'autre partie se fixe sur le chlorate non décomposé, qui se transforme en perchlorate suivant l'équation :

$$2ClO^3K = ClO^4K + KCl + O^2.$$

Chlorate   Perchlorate   Chlorure   Oxygène.
de potassium. de potassium. de potassium.

---

[1] PRIESTLEY, chimiste anglais (1733-1804).

Mais si la température s'élève davantage, le perchlorate se décompose à son tour d'après la réaction :

$$ClO^4K = KCL + 2O^2.$$

Perchlorate   Chlorure   Oxygène.
de potassium. de potassium.

Mode opératoire (fig. 14). — On introduit le chlorate dans une cornue de verre, munie d'un tube à dégagement qui aboutit sous un récipient plein d'eau, installé sur la cuve à eau. On chauffe d'abord

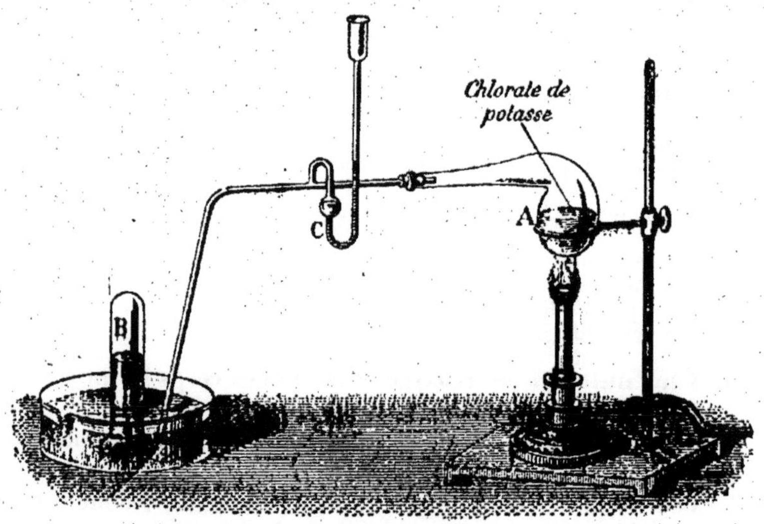

Fig. 14. — Préparation de l'oxygène par la décomposition du chlorate de potassium.
Le gaz est recueilli dans l'éprouvette B.

modérément. Le dégagement d'oxygène ne tarde pas à se ralentir, à cause de la formation du perchlorate. On chauffe alors plus activement, pour décomposer ce dernier. L'oxygène est recueilli dans le récipient placé sur la cuve à eau.

a) Dans la pratique, on ajoute au chlorate de potassium un peu de bioxyde de manganèse, afin d'empêcher la formation du perchlorate et d'obtenir ainsi une décomposition plus régulière. De plus, si on chauffe trop fortement le chlorate de potassium ClO^3K seul, il peut se produire une explosion.

b) On munit parfois le tube abducteur d'un tube de sûreté C (fig. 14). C'est un tube en forme d'S, dont la courbure inférieure, pourvue ordinairement d'une ampoule, contient un peu d'eau pour empêcher l'oxygène de s'échapper. Si la pression diminue par trop dans la cornue, à un moment donné, l'air atmosphérique y pénètre par le tube de sûreté, et empêche ainsi l'eau froide de la cuve de remonter jusque dans cette cornue qui, étant très chaude, risquerait d'éclater.

c) Pour préparer l'oxygène en grande quantité, on utilise l'*appareil Salleron* (fig. 15).

Le mélange de chlorate de potassium et de bioxyde de manganèse est introduit dans une marmite en fonte, sur laquelle s'applique, à la faveur d'une rainure, un couvercle en forme de dôme, qu'on lute avec du plâtre. Ce couvercle porte un tube à dégagement auquel on adapte un tube de caoutchouc qui conduit

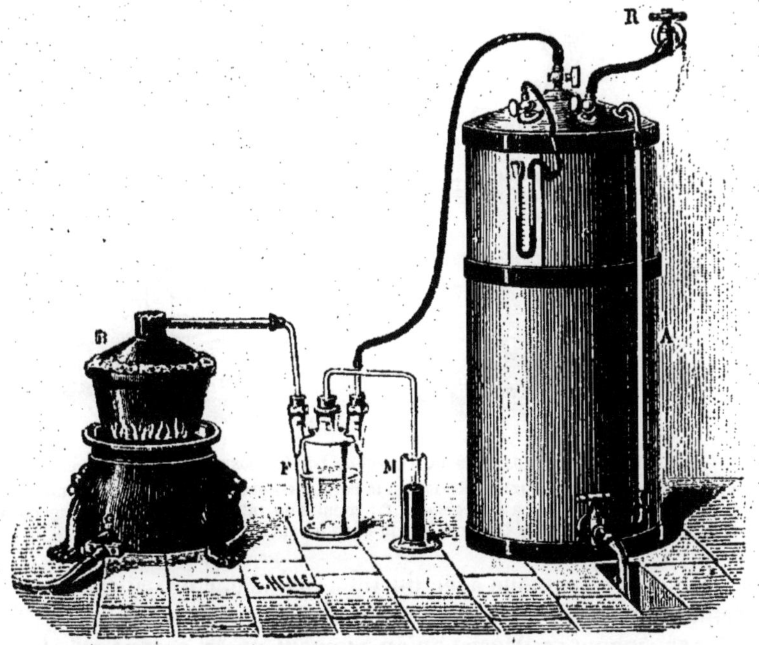

Fig. 15. — Préparation de l'oxygène par l'appareil Salleron.

On chauffe dans une marmite en fonte, dont le couvercle B est luté avec du plâtre, un mélange de chlorate de potassium et de bioxyde de manganèse. L'oxygène est lavé dans un flacon F, contenant de la potasse, et conduit, à l'aide d'un tube en caoutchouc, dans le gazomètre A.

l'oxygène dans un flacon contenant de la potasse, puis dans le gazomètre destiné à recevoir le gaz purifié.

Quand le dégagement cesse, l'opération est terminée ; on ouvre la marmite, et on laisse refroidir. Après quoi on dissout avec de l'eau le chlorure de potassium qui s'est formé, et l'on recueille le bioxyde, qui peut servir de nouveau pour une opération semblable.

2° Par le bioxyde de manganèse. — Le bioxyde de manganèse, chauffé au rouge, abandonne le tiers de son oxygène et se transforme en oxyde salin Mn^3O^4 d'après la réaction :

$$3MnO^2 = Mn^3O^4 + O^2.$$

Bioxyde   Oxyde   Oxygène.
de manganèse.   salin
de manganèse.

Mode opératoire. — Le bioxyde devant être chauffé à une température très élevée, il ne peut plus être question d'une cornue de verre. On introduit ce bioxyde en poudre dans une cornue en grès, que l'on chauffe dans un fourneau à réverbère (fig. 16). Le col de

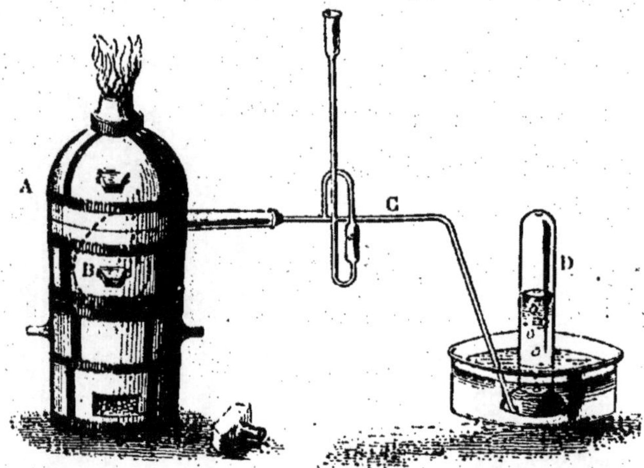

Fig. 16. — Préparation de l'oxygène par le bioxyde de manganèse.

Le bioxyde en poudre est introduit dans une cornue en grès B, chauffée dans un fourneau à réverbère A. Le tube à dégagement C, muni d'un tube de sûreté en forme de S, se rend sous une éprouvette D placée sur la cuve à eau.

la cornue communique avec un tube abducteur qui aboutit sous un récipient installé sur la cuve à eau.

L'oxygène ne se dégage qu'au moment où la cornue est chauffée au rouge. Il est essentiel d'élever la température d'une manière progressive; car un échauffement brusque déterminerait un dégagement subit qui briserait la cornue.

3° Par l'électrolyse de l'eau. — En décomposant l'eau par électrolyse, on obtient de l'oxygène pur; mais, pour les applications industrielles, ce procédé est encore trop onéreux.

4° Préparation industrielle par l'oxyde de baryum [1]. — Dans l'industrie, on retire l'oxygène de l'air en utilisant la propriété absorbante de la baryte.

Chauffé au contact de l'air, vers 400°, l'oxyde de baryum absorbe l'oxygène et se transforme en bioxyde BaO^2. Mais ce bioxyde n'est

---

[1] Un procédé expéditif pour préparer de grandes quantités d'oxygène, consiste à traiter l'*oxylithe* par l'eau. M. Jaubert a indiqué en 1898 un moyen facile de préparer l'*oxylithe*, en chauffant le potassium ou le sodium dans un courant d'air. La *Société d'Électrochimie* vient d'installer dans l'Isère une usine pour fabriquer ce composé. Aussitôt que l'eau est en contact avec l'oxylithe, l'oxygène se dégage.

pas stable; dès qu'on le chauffe à une température plus élevée, ou que l'on diminue la pression de l'atmosphère ambiante, il régénère le protoxyde en dégageant l'oxygène absorbé.

Le protoxyde ainsi régénéré peut servir un grand nombre de fois, surtout quand on a soin d'utiliser la diminution de pression plutôt que l'élévation de température.

5° **Par l'air liquide.** — L'air liquide fournit, pour la préparation de l'oxygène, un procédé assez économique; car les vapeurs qui se dégagent de ce liquide, vers — 180°, sont constituées par de l'oxygène presque pur.

6° En chimie organique, on prépare fréquemment l'oxygène qui doit agir à l'état naissant, par l'action de l'acide sulfurique SO^4H^2 sur le bichromate de potassium $Cr^2O^7K^2$. Ce mélange oxydant est employé en particulier quand on veut oxyder un alcool pour le transformer en aldéhyde. Dans les piles dites au bichromate, on utilise cette même source d'oxygène.

48. Propriétés physiques. — L'oxygène est un gaz incolore, inodore et insipide. Sa densité par rapport à l'air est 1,105; il s'ensuit qu'un litre d'oxygène, aux conditions normales 0° et 76^{cm}, pèse :

$$1,293 \times 1,105 = 1^{gr},430.$$

L'oxygène est peu soluble dans l'eau. A 0°, l'eau en dissout à peu près $\frac{1}{20}$ de son volume; ce coefficient de solubilité croît légèrement avec la température.

L'argent fondu absorbe jusqu'à 22 fois son volume d'oxygène; mais, au moment de sa solidification, il abandonne brusquement ce gaz, en brisant la surface du métal déjà rigide, présentant ainsi ce que l'on appelle le phénomène du *rochage.*

La température critique de l'oxygène est — 118°, et sa pression critique 50 atmosphères.

MM. Wroblewski et Olszewski ont obtenu l'oxygène liquide, en combinant les effets réfrigérants de la détente et de l'ébullition de l'éthylène dans le vide.

L'oxygène liquide est bleu; à la pression atmosphérique, il bout à — 181°, et, en s'évaporant dans le vide, il abaisse la température jusqu'à — 200°.

49. Propriétés chimiques. — L'oxygène, traversé par une série d'étincelles électriques, se transforme en **ozone**. Ce dernier gaz n'est qu'une modification allotropique [1] de l'oxygène.

L'oxygène se combine avec presque tous les corps simples, et, le plus souvent, avec dégagement de chaleur et de lumière.

---

[1] L'allotropie est la propriété d'un corps de pouvoir exister sous plusieurs formes différentes.

Il n'y a guère que les métalloïdes de la famille du chlore, et, parmi les métaux, l'or et le platine, qui ne se combinent pas directement avec lui.

Les corps combustibles brûlent dans l'oxygène avec beaucoup plus d'éclat que dans l'air. Ainsi, dans un flacon plein d'oxygène, le charbon, le soufre, le phosphore, le fer et surtout le magnésium, brûlent avec une flamme très éclairante.

Un corps présentant un seul point en ignition se rallume quand on le plonge dans l'oxygène.

Les bases alcalines, en solution aqueuse, absorbent l'oxygène; propriété utilisée dans l'analyse des mélanges gazeux.

50. Usages. — L'industrie utilise l'oxygène pour préparer un grand nombre de composés tels que : les anhydrides sulfureux et arsénieux, les acides sulfurique et arsénique, le massicot, le minium, l'oxyde de zinc, etc. Mélangé avec l'hydrogène ou avec le gaz d'éclairage, l'oxygène communique à la flamme du mélange une température très élevée, utilisée dans le chalumeau pour fondre certains métaux comme le platine, pour faire des soudures, pour porter à l'incandescence un bâton de chaux ou de magnésie (lumière de Drummond), etc.

§ II. — COMBUSTION

51. Combustions. — La propriété caractéristique de l'oxygène est son affinité pour les corps combustibles; affinité qui se manifeste dans les *combustions*.

La combustion n'est autre chose que la combinaison d'un corps avec l'oxygène.

Combustion vive. — Si cette combinaison d'un corps avec l'oxygène se produit avec un grand dégagement de chaleur, accompagné de lumière, on dit qu'il y a *combustion vive.*

Tel est le cas du magnésium, du phosphore, du gaz d'éclairage, etc.

Chaque corps pris en particulier a une température d'inflammation qui lui est propre; par exemple, elle n'est pas la même pour le phosphore que pour le magnésium.

Le mot combustion s'étend à tous les cas où deux corps s'unissent avec dégagement de chaleur et de lumière.

Combustion lente. — Si la combinaison d'un corps avec l'oxygène se produit sans dégagement sensible de chaleur ni de lumière, on dit qu'il y a *combustion lente*.

C'est le cas du fer lorsqu'il se transforme lentement en rouille.

52. Respiration. — La respiration est une combustion lente, qui produit la *chaleur animale*.

L'oxygène de l'air, *aspiré* par nos poumons, se mêle au sang, qui l'entraine avec lui dans les vaisseaux sanguins. Cet oxygène brûle les matières à éliminer. Il se produit notamment de l'anhydride carbonique, que le sang ramène dans les poumons, où il l'abandonne pour être rejeté par l'*expiration*.

Très lente chez les *animaux* dits à sang froid, cette combustion est un peu plus vive chez les *animaux* à sang chaud.

CHAPITRE IV

EAU

Formule : H^2O. Poids moléculaire : 18.

53. Historique. — L'eau n'est pas un corps simple. Ce fait n'a été reconnu qu'à la fin du xviii⁰ siècle, après la découverte de l'hydrogène.

Cavendish (1777)[1] constata que l'hydrogène brûle dans l'air en produisant de l'eau, et Lavoisier (en 1783) parvint à déterminer approximativement la composition de ce liquide.

54. Composition en volume. — 1⁰ **Méthode du ballon.** — L'expérience réalisée par Lavoisier, avec l'aide de Meusnier[2], a été décrite dans l'introduction (13).

2⁰ **Méthode de l'eudiomètre.** — Dans un eudiomètre reposant sur la cuve à mercure, on introduit 100 volumes d'hydrogène et 100 volumes d'oxygène; puis on fait jaillir l'étincelle électrique. Il se forme de l'eau, et il ne reste que 50 volumes de gaz. Ce gaz est de l'oxygène, car il est entièrement absorbable par le phosphore. Donc, *sur les 150 volumes de gaz qui se sont combinés pour former de l'eau, il y a 100 volumes d'hydrogène et 50 volumes d'oxygène*.

Toutefois, il est bon de remarquer que ces volumes n'existent que si l'on maintient l'eudiomètre à 100⁰.

3⁰ **Électrolyse de l'eau.** — Quand on décompose l'eau en faisant passer un courant électrique dans un voltamètre (fig. 1), on con-

---

[1] CAVENDISH (Henri), chimiste anglais (1751-1810).
[2] MEUSNIER, chimiste français (1754-1793).

state que le gaz recueilli sur l'électrode négative a un volume double de celui du gaz recueilli sur l'électrode positive. Or on reconnaît aisément que le premier gaz est de l'hydrogène, et que le second est de l'oxygène (n° 11).

Conclusion : *L'eau est formée de 2 volumes d'hydrogène et de 1 volume d'oxygène, condensés en 2 volumes de vapeur d'eau.*

55. Composition en poids. — Principe de la méthode de Dumas.

— *On réduit un poids connu d'oxyde de cuivre, par un courant d'hydrogène pur et sec ; puis on détermine le poids de l'eau formée, et la perte de poids de l'oxyde.*

Cette perte est le poids de l'oxygène qui entre dans la composition de l'eau. La différence entre le poids de l'eau formée et le poids de l'oxygène fait connaître le poids de l'hydrogène.

Mode opératoire (fig. 17). Pour purifier l'hydrogène, on le fait passer dans une série de tubes en U, contenant : les deux premiers, de la ponce imbibée d'azotate de plomb, qui retient l'acide sulfhydrique ; les deux suivants, de la ponce imbibée de sulfate d'argent, qui décompose les arséniures et les phosphures d'hydrogène ; les deux suivants, de la ponce imbibée de potasse, qui absorbe l'hydrogène silicié ; les derniers, de l'anhydride phosphorique, qui arrête l'humidité.

L'hydrogène, purifié et desséché, arrive dans une ampoule conte

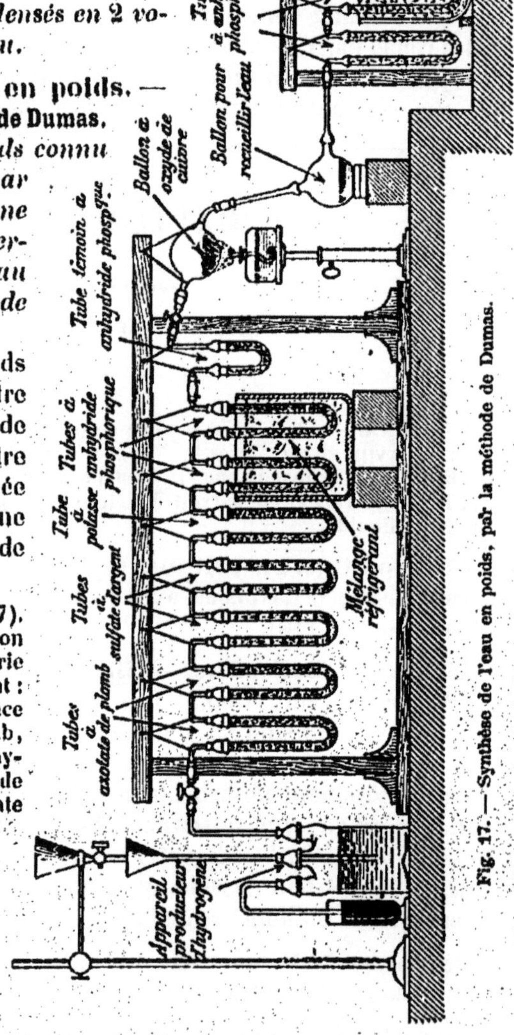

Fig. 17. — Synthèse de l'eau en poids, par la méthode de Dumas.

nant l'oxyde de cuivre chauffé. Il s'empare de l'oxygène pour former de l'eau, et le cuivre est mis en liberté. Une partie de la vapeur d'eau produite vient se condenser dans un ballon; le reste est absorbé dans une nouvelle série de tubes placés à la suite du ballon, et contenant de l'anhydride phosphorique.

Le poids total de l'eau produite s'obtient en ajoutant, au poids de l'eau recueillie dans le ballon, l'augmentation de poids des tubes à anhydride phosphorique.

Résultat. — Dumas a trouvé que 100^{gr} *d'eau contiennent* 88^{gr},80 *d'oxygène et* 11^{gr},11 *d'hydrogène.*

56. Propriétés physiques. — L'eau pure est liquide entre 0° et 100°.

A la température ordinaire, c'est un liquide transparent, incolore sous une faible épaisseur, légèrement bleuâtre ou verdâtre sous une épaisseur considérable.

A 4° centigrades, l'eau présente *un maximum de densité*, qui est l'unité de densité adoptée pour tous les corps solides ou liquides. Par définition, le *gramme* est la masse d'un centimètre cube d'eau pure, à 4° centigrade.

Sous la pression de 76^{cm}, l'eau se transforme en vapeur, à une température qui a été prise comme 100° du thermomètre centigrade. Vers 365°, l'eau surchauffée passe par une transition insensible de l'état liquide à l'état de vapeur sans changement de volume. On dit alors qu'elle a atteint sa *température critique.*

La densité de la vapeur est 0,622.

Un litre d'eau transformée en vapeur occuperait à la pression ordinaire un volume de 1 237^l,82.

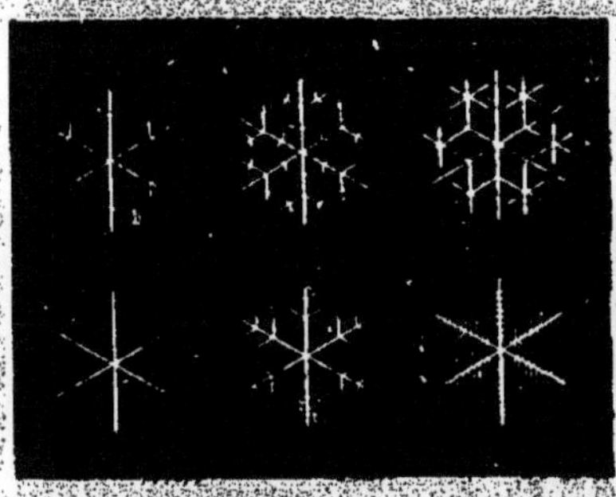

Fig. 18. — Cristaux de neige, vus à la loupe.

Refroidie à 0°, l'eau cristallise en prismes hexagonaux, groupés avec une régularité parfaite (fig. 18).

Au-dessous de 0°, l'eau se prend en masse solide et augmente de volume; par conséquent sa densité diminue, elle devient 0,916. Cet accroissement de volume explique divers phénomènes qui se produisent pendant l'hiver : la rupture des pierres gélives, des tuyaux de conduite ou des vases remplis d'eau, le déchirement des tissus de certaines plantes, etc.

En réalité, la nature nous présente constamment de l'eau sous les trois états physiques. A l'état liquide, l'eau constitue les fleuves, les lacs, les mers. A l'état solide, elle forme les glaciers et les neiges éternelles des hautes altitudes, ou des régions polaires. Enfin, à l'état de vapeur, elle est répandue en abondance dans l'atmosphère, où elle se manifeste par les phénomènes hygrométriques, ou par la production des météores aqueux.

En général, les eaux naturelles ne sont pas pures; elles contiennent en dissolution des gaz et des sels minéraux.

Action dissolvante. — La plus importante propriété de l'eau est son action dissolvante. L'eau est un dissolvant presque universel.

Ce pouvoir dissolvant explique la présence, dans les eaux naturelles, de divers gaz et d'un grand nombre de substances minérales, dont la nature et les proportions varient suivant les terrains que ces eaux ont pu traverser.

Ainsi l'on rencontre dans l'eau ordinaire : de l'air, de l'acide carbonique, de l'oxygène, des carbonates, des sulfates, etc.

L'eau *chaude* et sous *pression*, telle que celle enfermée à une certaine profondeur dans les entrailles de la terre, est un dissolvant encore plus énergique ; de là, dans les eaux chaudes jaillissantes, la présence de nombreux sels minéraux dissous.

Ces principes minéraux communiquent à certaines eaux naturelles des propriétés thérapeutiques importantes. On en trouve de remarquables exemples dans les eaux de Vichy, Vals, Ems, Seltz, Soulzmatt, etc.

Manière de recueillir les gaz dissous dans l'eau. — Pour recueillir les gaz dissous dans une eau, on en remplit un ballon, d'environ 1ᶦ de capacité, qu'on ferme avec un bouchon traversé par un tube recourbé, plein de la même eau et se rendant sur la cuve à mercure. On chauffe, l'eau se dilate d'abord, une partie se répand à la surface du mercure de la cuve; puis lorsque les premières bulles gazeuses commencent à apparaître dans le fond du ballon, on recouvre l'extrémité du tube recourbé avec une éprouvette renversée et pleine de mercure, dans laquelle on recueille les gaz, ainsi que l'eau chassée par l'ébullition. Au bout d'une demi-heure, cette eau est suffisamment chaude pour ne plus absorber de gaz. Le résidu gazeux est alors traité par la potasse, qui absorbe le gaz carbonique; le reste est analysé par l'eudiomètre.

57. Propriétés chimiques. — **Action de l'électricité et de la chaleur.** — L'eau se décompose sous l'action du courant électrique.

A une température très élevée (vers 1000°) la vapeur d'eau se *dissocie*, c'est-à-dire que l'oxygène et l'hydrogène se séparent.

Action du charbon. — Quand on fait passer de la vapeur d'eau sur du charbon chauffé progressivement dans un tube de porcelaine :

Au rouge sombre, il se dégage de l'hydrogène et du gaz carbonique :

$$2H^2O + C = CO^2 + 4H.$$

Eau.   Carbone.   Gaz   Hydrogène.
carbonique.

Si l'on chauffe au rouge vif, le gaz carbonique se décompose et donne de l'oxyde de carbone; on obtient alors la réaction :

$$H^2O + C = CO + 2H.$$

Eau.   Carbone.   Oxyde   Hydrogène.
de carbone.

Action du chlore. — Lorsqu'un courant de chlore passe avec de la vapeur d'eau dans un tube de porcelaine chauffé au rouge, il se dégage par l'extrémité du tube un mélange d'oxygène et d'acide chlorhydrique. La formation de cet acide est due à la température élevée à laquelle on opère. La vapeur d'eau se dissocie, et l'hydrogène libre se combine avec le chlore. La réaction est la suivante :

$$2Cl^2 + 2H^2O = 4HCl + O^2.$$

Chlore.   Eau.   Acide   Oxygène.
chlorhydrique.

Action du potassium. — Au contact du potassium, l'eau se décompose (fig. 19). Il se forme de l'hydrogène qui brûle au contact de l'air, et de la potasse qui se dissout dans l'eau.

La réaction est la suivante (abstraction faite de la combustion de l'hydrogène) :

$$H^2O + K = KOH + H.$$

Eau. Potassium.   Potasse. Hydrogène.

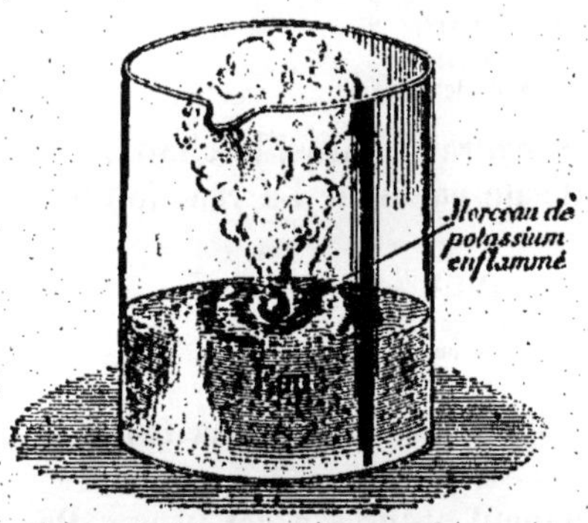

Fig. 19.
Décomposition de l'eau par le potassium.

Si on introduit un fragment de potassium dans l'eau, il se déplace vivement à la surface du liquide qui se trouve décomposé; il se forme de la potasse, et l'hydrogène libre brûle avec une flamme colorée en violet par les vapeurs de potassium.

Action du sodium. — Le sodium décompose l'eau de la même manière que le potassium; seulement l'hydrogène ne s'enflamme pas, à moins que l'on empêche le sodium de se déplacer à la surface de l'eau, en la gommant, ou en ne le mettant en contact qu'avec une quantité d'eau relativement très faible. On a :

$$H^2O + Na = NaOH + H.$$

Eau. Sodium.   Soude. Hydrogène.

Action du fer. — Si l'on fait passer de la vapeur d'eau sur du fer chauffé au rouge (fig. 2), elle se décompose ; l'hydrogène se dégage, et le fer passe à l'état d'oxyde magnétique.

La réaction est la suivante :

$$4H^2O + 3Fe = Fe^3O^4 + 4H^2,$$

Eau, Fer, Oxyde magnétique. Hydrogène.

Action des autres métaux. — Tous les autres métaux décomposent la vapeur d'eau, à une température plus ou moins élevée ; excepté les métaux précieux, qui ne la décomposent à aucune température.

Action de l'eau sur les composés. — Certains composés ne peuvent subsister au contact de l'eau. C'est le cas de plusieurs sels, que l'eau décompose en les dissolvant.

Par exemple, le chlorure de magnésium avec l'eau donne la réaction :

$$MgCl^2 + H^2O = 2HCl + MgO.$$

Chlorure de magnésium. Eau, Acide chlorhydrique. Magnésie.

L'eau produit sur les composés deux actions remarquables :

1° Avec les *anhydrides* elle forme un acide, et la combinaison est souvent accompagnée de production de chaleur. L'anhydride sulfurique se combine avec l'eau pour former de l'acide sulfurique :

$$SO^3 + H^2O = SO^4H^2.$$

Anhydride sulfurique, Eau, Acide sulfurique,

2° Avec les *oxydes* elle forme des hydrates. Ainsi la chaux, CaO, mêlée avec de l'eau donne l'hydrate de calcium. La réaction est la suivante :

$$CaO + H^2O = Ca(OH)^2,$$

Chaux, Eau, Hydrate de calcium.

58. Eaux potables. — *On appelle* eaux potables *celles qui peuvent servir comme boisson.*

Toutes les eaux ne sont pas également propres à cet usage. Pour être bues sans inconvénient, elles doivent remplir diverses conditions.

Qualités d'une eau potable. — Il est essentiel qu'une eau potable soit *fraîche, limpide* et *inodore*, mais non pas sans saveur.

Il faut en outre qu'elle contienne en dissolution des gaz et des principes minéraux, à l'exclusion de toute matière organique.

Tout d'abord, une eau potable doit être *suffisamment aérée*, sans quoi elle serait fade et indigeste. C'est au manque d'aération de l'eau que l'on attribue la fréquence des goîtres dans certaines vallées montagneuses, dominées par des glaciers.

Le gaz carbonique, dissous en proportion convenable, jouit de la double propriété de rendre l'eau plus digeste, et de lui communiquer un goût agréable.

Une bonne eau potable doit contenir des sels minéraux dans une faible proportion, comprise entre $0^{gr},1$ et $0^{gr},5$ par litre. Quelques sels de chaux tels que les phosphates et les carbonates sont utiles au développement du système osseux; mais le sulfate de calcium devient nuisible dès qu'il atteint seulement une proportion de $0^{gr},2$ par litre. L'eau chargée de sulfate de calcium est dite *sélénitense*.

Une eau qui contient une proportion trop forte de sels minéraux quelconques est indigeste, et constitue ce que l'on appelle une **eau crue**. Pour la rendre potable, il faut la filtrer à travers une couche de sable assez épaisse, ou mieux à l'aide d'un filtre spécial qui doit être purifié de temps en temps.

La présence de germes organisés rend le filtrage de l'eau absolument indispensable. On sait, en effet, que ces germes organiques sont très souvent la cause de certaines maladies épidémiques, de la fièvre typhoïde, par exemple.

Manière de reconnaître une eau potable. — Pour reconnaître si une eau est potable, on s'assure d'abord qu'elle n'a pas d'odeur désagréable. Cette odeur serait l'indice à peu près certain de la présence, au sein du liquide, de matières organiques en putréfaction. Si elle n'a pas d'odeur, on en prend une petite quantité, et, après l'avoir additionnée de quelques gouttes d'acide sulfurique et de permanganate de potassium, on la porte à l'ébullition. Si la liqueur se décolore, l'eau renferme une trop forte proportion de substances organiques et doit être rejetée comme eau potable. Dans une nouvelle prise d'essai, on verse quelques gouttes d'une solution alcoolique de bois de campêche. Cette liqueur est jaune. Si l'eau se colore en violet, elle est impropre à l'alimentation, parce qu'elle renferme une trop forte proportion de carbonate de chaux. Si elle ne prend au contraire qu'une légère teinte rose, on peut en conclure que les matières minérales n'y entrent pas en excès. On y verse ensuite quelques gouttes d'une solution alcoolique de savon. S'il ne se forme pas de grumeaux, il y a de grandes probabilités que l'on se trouve en présence d'une eau potable. Dans le cas contraire, l'eau est trop chargée en sulfate de calcium et ne peut être utilisée comme boisson.

CHAPITRE V

HYDROGÈNE

Poids atomique : 1. Symbole : H. Poids moléculaire : 2.

59. Historique. — L'hydrogène était vaguement connu depuis le XVI° siècle. Cavendish (1777) étudia ses propriétés et lui donna le nom d'*air inflammable*, auquel Lavoisier substitua (en 1783) celui d'*hydrogène*, après la découverte de la composition de l'eau.

60. État naturel. — L'hydrogène est très répandu dans la nature. A l'état de combinaison, il existe dans l'eau, dans beaucoup de composés minéraux et dans tous les êtres vivants. A l'état libre, il entre dans la composition de l'air, en proportion très minime, mais appréciable, comme l'a démontré récemment M. Armand Gautier.

61. Préparations. — 1° On attaque l'acide sulfurique étendu, par le zinc du commerce. Le zinc passe à l'état de sulfate qui se dissout dans l'eau, et l'hydrogène se dégage.

On a la réaction :

$$SO^4H^2 + Zn = SO^4Zn + H^2.$$

Acide   Zinc.   Sulfate   Hydrogène.
sulfurique.   de zinc.

L'opération se fait dans un flacon à deux tubulures, dans lequel on introduit d'abord du zinc et de l'eau (fig. 20). On verse l'acide par un tube à entonnoir qui passe dans l'une des tubulures et descend jusque dans l'eau. Un vif bouillonnement se produit aussitôt, et l'hydrogène se dégage par un tube qui traverse la seconde tubulure et aboutit sous une éprouvette installée sur la cuve à eau.

2° En remplaçant l'acide sulfurique par l'acide chlorhydrique, on obtient la réaction suivante :

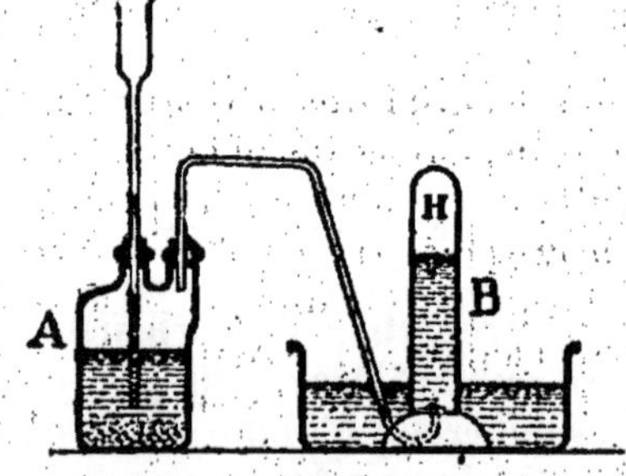

Fig. 20. — Préparation de l'hydrogène.
On verse de l'acide sulfurique dans un flacon tubulé contenant du zinc et de l'eau ; il se dégage de l'hydrogène, qu'on recueille dans l'éprouvette en H.

$$2HCl + Zn = ZnCl^2 + H^2.$$

Acide   Zinc.   Sulfate   Hydrogène.
sulfurique.   de zinc.

3° On peut aussi préparer de l'hydrogène en décomposant l'eau par l'électrolyse (11), par le sodium (57), par le fer chauffé au rouge (1), etc.

4° **Appareil Deville.** — Deux flacons communiquent par leur partie inférieure, à l'aide de deux tubulures réunies par un tube en caoutchouc (fig. 21).

Fig. 21. — Appareil Deville
pour la préparation de l'hydrogène.

Le premier contient de l'acide chlorhydrique étendu de son volume d'eau; le second renferme du zinc, et porte à sa partie supérieure un tube à dégagement muni d'un robinet. Quand on ouvre ce robinet, l'acide pénètre par la partie inférieure du flacon, et l'hydrogène se dégage. Quand on ferme le robinet, la pression de l'hydrogène refoule le liquide dans le premier flacon, et le dégagement s'arrête.

D'ailleurs, le tube de caoutchouc permet de régler la différence de niveau des deux flacons, suivant la pression que l'hydrogène doit vaincre.

5° **Procédé Hubou (1896).** — On doit à M. Hubou, ingénieur des mines, un procédé industriel économique, qui prendrait de l'importance si la navigation aérienne venait à se perfectionner.

On comprime de l'acétylène à 2 ou 3 atmosphères, et on l'enflamme à l'aide d'un fil métallique incandescent. Après l'explosion, on recueille du noir de fumée et de l'hydrogène.

Purification. — Pour purifier l'hydrogène, il suffit de le faire passer sur de la tournure de cuivre chauffée au rouge. Ce métal retient la plupart des impuretés mêlées à l'hydrogène.

62. Propriétés physiques. — L'hydrogène pur est un gaz incolore, inodore et insipide. Sa propriété caractéristique est sa *grande légèreté*. Sa densité par rapport à l'air étant 0,069, le poids du litre d'hydrogène est : $1{,}293 \times 0{,}069 = 0^{gr}{,}089$.

Jusqu'ici, l'hydrogène était le plus léger des éléments connus; mais l'analyse spectrale semble révéler, dans les couches supérieures de la photosphère du soleil, la présence d'un gaz nouveau, auquel on a donné le nom de *coronium*, et qui serait plus léger que l'hydrogène. M. Dewar croit même avoir retrouvé ce coronium dans les éléments les plus volatils de l'air atmosphérique.

La grande légèreté de l'hydrogène est facile à mettre en évidence. Si l'on abouche l'une contre l'autre deux éprouvettes remplies respectivement d'air et d'hydrogène, et qu'on les dispose verticalement de façon que l'hydrogène soit en bas, les deux gaz changent de place, comme on le constate en enflammant le gaz qui s'est transvasé dans l'éprouvette supérieure.

La faible densité de l'hydrogène explique l'emploi de ce gaz pour le gonflement des aérostats.

Mais cette faible densité a pour conséquence un grand pouvoir endosmotique. L'hydrogène, en effet, traverse aisément les cloisons poreuses, les membranes d'origine organique et même les métaux.

Une éprouvette pleine d'hydrogène étant bouchée avec une feuille de papier (fig. 22), le gaz s'échappe à travers la feuille, comme on le constate en approchant une allumette.

L'hydrogène traverse le fer ou le platine chauffés au rouge. Un tube de platine étant placé dans un tube en porcelaine vernie, de plus grande section, on rem-

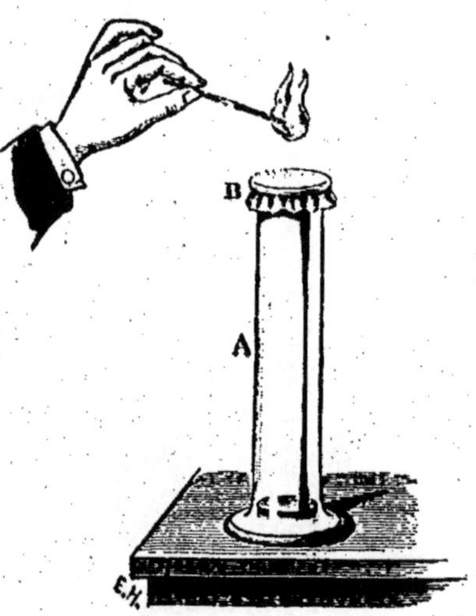

Fig. 22. — L'hydrogène traverse le papier.
L'éprouvette A est remplie d'hydrogène; on la bouche avec une feuille de papier B; si on présente une allumette au-dessus de la feuille B, le gaz s'enflamme.

plit le tube métallique d'hydrogène et l'espace annulaire d'azote, puis on chauffe au rouge. Si l'on ferme alors les deux tubes, et qu'on mette en communication le tube de platine avec un tube manométrique plongeant dans le mercure, on constate que le mercure monte peu à peu dans ce tube, c'est-à-dire que le vide se fait dans le tube à hydrogène.

L'hydrogène est peu soluble dans l'eau, puisque, à la température ordinaire, celle-ci n'en dissout qu'à peine $\frac{1}{50}$ de son volume.

D'après Magnus [1], l'hydrogène serait le seul gaz bon conducteur de la chaleur.

Liquéfaction. — A la suite des travaux de Cailletet et de Raoul Pictet, M. Wroblewski est parvenu à liquéfier l'hydrogène. C'est un liquide transparent et incolore, dont le point d'ébullition est — 243°.

La difficulté était de refroidir le gaz au-dessous de sa température critique, qui s'est rencontrée à — 234°. Pour cela M. Wroblewski l'a refroidi d'abord au moyen de l'azote bouillant dans le vide, puis il l'a soumis à une brusque détente.

63. Propriétés chimiques. — L'hydrogène est *combustible*, mais il n'est pas *comburant*.

---

[1] MAGNUS, physicien allemand, étudia la conductibilité des gaz, et à la suite d'expériences faites en 1860, il conclut que l'hydrogène est le seul gaz bon conducteur de la chaleur.

Brûlant au contact de l'air ou en présence de l'oxygène, il produit de la vapeur d'eau (fig. 23). Sa flamme est très chaude, mais pâle. Si l'on fait d'abord passer l'hydrogène dans un carbure liquide, tel que la benzine ou le pétrole, sa flamme devient très éclairante, à cause des particules de charbon incandescent qu'elle contient alors en suspension.

Si l'on enflamme un mélange de 2 volumes d'hydrogène pour 1 d'oxygène, il se forme encore de la vapeur d'eau ; mais la combinaison est accompagnée d'une forte détonation.

Quand l'hydrogène brûle à l'air libre, à l'extrémité d'un tube, et que l'on entoure la flamme d'un manchon de verre, il se produit ce que l'on appelle l'*harmonica chimique* : le son perçu est le résultat d'une série de petites détonations qui proviennent de la combinaison de l'hydrogène mélangé incessamment avec l'oxygène contenu dans le tube (fig. 24).

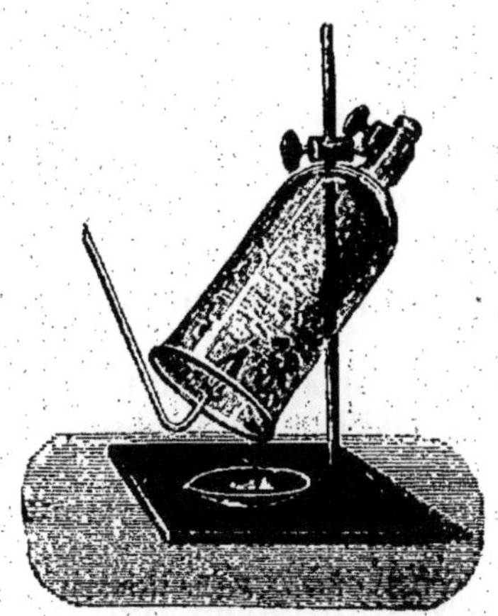

Fig. 23. — Vapeur d'eau produite par la combustion de l'hydrogène dans l'air.

La réaction qui se produit dans ces expériences diverses peut être représentée comme il suit :

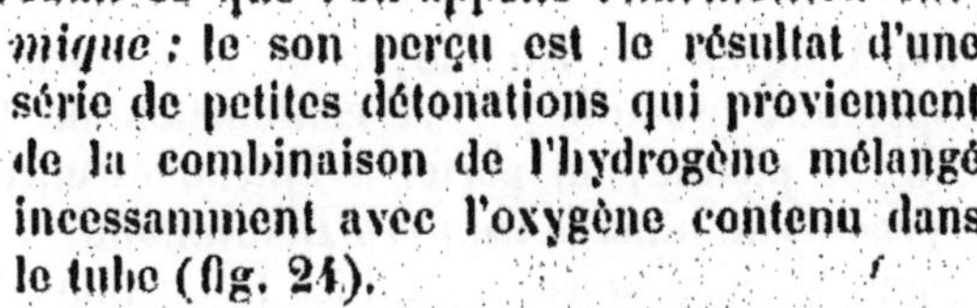

$$H^2 + O = H^2O.$$
Hydrogène.   Oxygène.   Eau.

L'hydrogène est un **réducteur** puissant (on appelle *réducteur* tout corps capable de s'emparer de l'oxygène). Un courant d'hydrogène passant sur de l'oxyde de cuivre, dans un tube légèrement chauffé, s'empare de l'oxygène pour former de la vapeur d'eau qui se dégage par l'extrémité du tube. L'oxyde change de couleur et se transforme en cuivre métallique :

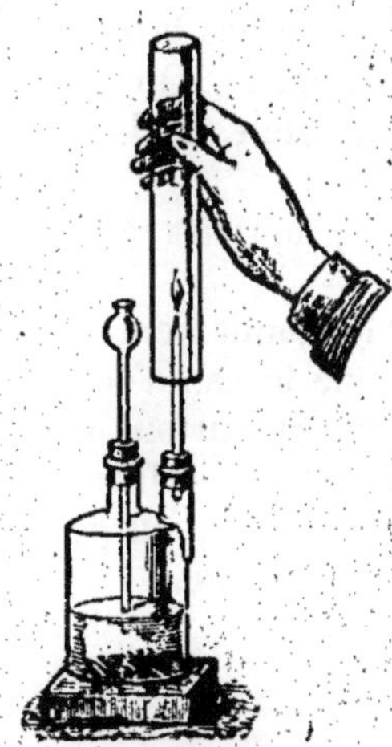

Fig. 24.
Harmonica chimique.

Si l'hydrogène brûle à l'extrémité d'un tube, et que l'on entoure la flamme avec un manchon de verre, il se produit une série de petites détonations qui engendre le bruit appelé *harmonica chimique*.

$$CuO + 2H = H^2O + Cu.$$
Oxyde   Hydrogène.   Eau.   Cuivre.
de cuivre.

L'hydrogène a une grande affinité pour le chlore. C'est pour cette raison que l'hydrogène enlève leur chlore à certains composés chlorés. Ainsi, un courant d'hydrogène passant sur du chlorure d'argent, dans un tube légèrement chauffé, s'empare du chlore pour former de l'acide chlorhydrique qui se dégage à l'extrémité du tube. Comme résidu, il reste dans le tube de l'argent métallique :

$$AgCl + H = HCl + Ag.$$
Chlorure   Hydrogène.   Acide   Argent.
d'argent.   chlorhydrique.

Par ses propriétés chimiques, l'hydrogène présente une grande analogie avec les métaux.

Avec certains métaux il forme de véritables alliages, dont le plus remarquable, le *palladium hydrogéné* Pd^2H, peut absorber d'énormes quantités d'hydrogène.

Dans les acides, l'hydrogène se comporte comme un métal, et ces acides peuvent être considérés comme de véritables sels d'hydrogène. En remplaçant l'hydrogène de l'acide chlorhydrique HCl, par de l'argent Ag, ou par du potassium K, on obtient du chlorure d'argent AgCl, ou du chlorure de potassium KCl. L'acide chlorhydrique n'est donc lui-même qu'un chlorure d'hydrogène.

64. Usages. — Au moyen du *chalumeau,* on utilise la haute température produite par la combustion de l'hydrogène. On peut fondre le platine, ou porter à l'incandescence un bâton de chaux, en produisant ainsi la *lumière Drummond.*

Dans les laboratoires, on utilise fréquemment les propriétés réductrices de l'hydrogène.

Sa grande légèreté le fait rechercher pour le gonflement des aérostats. Si pendant longtemps on lui a substitué le gaz d'éclairage, c'est à cause de son pouvoir endosmotique, et surtout par raison d'économie. Aujourd'hui on fabrique des taffetas suffisamment imperméables à l'hydrogène, et le procédé de M. Hubou permet d'obtenir ce gaz à meilleur marché que le gaz de houille.

CHAPITRE VI
LE CHLORE ET SES COMPOSÉS

§ I. — CHLORE

Poids atomique : 35,5.   Symbole : Cl.   Poids moléculaire : 71.

65. Historique. — Le chlore a été découvert à la fin du XVIIIe siècle, par Scheele, alors simple élève en pharmacie (1774). On prit d'abord ce gaz pour un acide oxygéné, d'où son nom primitif d'**acide muriatique oxygéné**. Gay-Lussac[1] et Thénard démontrèrent que c'est un corps simple (1809). Berthollet[2] découvrit ses propriétés décolorantes pour le linge; Guyton de Morveau[3] reconnut ses propriétés désinfectantes, et Davy[4] lui donna le nom de chlore, qui rappelle sa couleur jaunâtre.

66. État naturel. — Le chlore n'existe dans la nature qu'à l'état de combinaison. Avec l'*hydrogène*, il forme l'acide chlorhydrique; avec le *potassium*, le *sodium*, l'*ammonium*, le *calcium*, le *cuivre*, l'*argent*, etc., il forme des chlorures.

67. Préparation. — On prépare le chlore par quatre procédés principaux : ceux de *Scheele*, de *Weldon*, de *Deacon* et de *Péchiney-Weldon*.

1° Procédé de Scheele[5]. — *On fait réagir l'acide chlorhydrique du commerce sur le bioxyde de manganèse.*

La réaction finale est la suivante :

$$MnO^2 + 4HCl = MnCl^2 + 2H^2O + Cl^2.$$

Bioxyde   Acide   Bichlorure   Eau.   Chlore.
de manganèse. chlorhydrique. de manganèse.

Mais elle se produit en deux phases distinctes : il se forme d'abord du tétrachlorure de manganèse, $MnCl^4$; puis, à une température élevée, ce corps instable se décompose en bichlorure et en chlore, suivant l'équation :

$$MnCl^4 = MnCl^2 + Cl^2.$$

Tétrachlorure   Bichlorure   Chlore.
de manganèse.   de manganèse.

Tel est le procédé usuel des laboratoires. Le tube à dégagement

---

[1] GAY-LUSSAC, savant français, célèbre par ses nombreuses découvertes en physique et en chimie (1778-1850).

[2] BERTHOLLET, chimiste français, formula des lois qui portent son nom. (1748-1822).

[3] GUYTON DE MORVEAU, chimiste français, fut l'un des auteurs de la nomenclature chimique (1737-1816).

[4] DAVY, chimiste anglais, inventeur de la lampe de sûreté pour les mineurs (1778-1819).

[5] SCHEELE, chimiste suédois (1742-1786), découvrit le chlore, le manganèse, la baryte, l'acide fluorhydrique et l'acide cyanhydrique.

aboutit au fond d'un flacon sec, dans lequel le chlore se déverse en chassant l'air, qui est moins dense (fig. 25). Par la coloration, on reconnaît aisément que le flacon est rempli.

Si l'on veut recueillir du chlore pur et sec, on le fait passer dans un tube en U, ou dans un flacon tubulé contenant un peu d'eau, puis

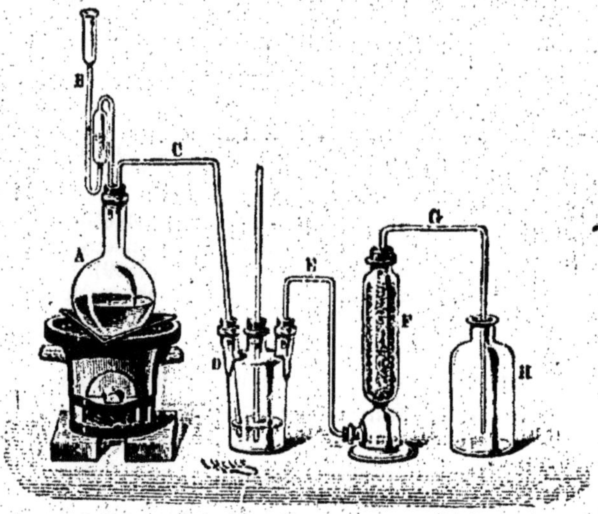

Fig. 25. — Préparation du chlore.

On chauffe, dans le ballon A, un mélange de bioxyde de manganèse et d'acide chlorhydrique. Le gaz produit se dégage par le tube C, se débarrasse de l'acide chlorhydrique entraîné dans le flacon D, se dessèche en F, et se recueille en H.

dans une colonne desséchante de chlorure de calcium, interposée sur le tube à dégagement.

2° Procédé industriel de Weldon [1]. — Au moyen de la chaux, de la vapeur d'eau et d'un courant d'air énergique, on transforme successivement le chlorure manganeux $MnCl^2$, en protoxyde MnO, puis en bioxyde MnO^2, qui s'unit à la chaux pour former un composé que l'on traite ensuite par l'acide chlorhydrique.

La chaux décompose le chlorure manganeux d'après l'équation :

$$MnCl^2 + CaO = MnO + CaCl^2.$$

Chlorure   Chaux.   Protoxyde   Chlorure
manganeux.   de manganèse. de calcium.

Sous l'influence d'un violent courant d'air, l'oxyde manganeux se transforme en bioxyde, qui s'unit à la chaux pour former le *biman-ganite de calcium* insoluble :

$$(MnO^2)^2CaO,H^2O.$$

<hr>

[1] WELDON, chimiste et industriel anglais (1832-1885), a perfectionné le mode de préparation du chlore.

Enfin l'acide chlorhydrique agissant sur ce dernier donne du chlorure de calcium, de l'eau, du chlorure manganeux et du chlore libre, suivant la réation :

$$(MnO^2)^2CaO,H^2O + 10HCl = CaCl^2 + 6H^2O + 2MnCl^2 + 4Cl.$$

Bimanganite   Acide   Chlorure   Eau.   Chlorure   Chlore,
de calcium.   chlorhydrique.   de calcium.   manganeux.   libre.

Ce mode de préparation a l'avantage de régénérer le chlorure manganeux.

3° **Procédé Deacon.** — On fait agir l'acide chlorhydrique, en présence de l'air, sur du *sulfate de cuivre* SO^4Cu, disséminé sur de larges surfaces poreuses en terre cuite, et chauffé vers 450°. Il se produit du *chlorure cuivrique* $CuCl^2$ et de l'*acide sulfurique* SO^4H^2, d'après la réaction :

$$SO^4Cu + 2HCl = CuCl^2 + SO^4H^2.$$

Sulfate   Acide   Chlorure   Acide
de cuivre.   chlorhydrique.   cuivrique.   sulfurique.

On traite ensuite le *chlorure cuivrique* et l'*acide sulfurique* par un courant d'air chaud. Le chlore est mis en liberté, et le *sulfate de cuivre* se régénère suivant l'équation :

$$CuCl^2 + SO^4H^2 + O = SO^4Cu + H^2O + Cl^2.$$

Chlorure   Acide   Oxygène.   Sulfate   Eau.   Chlore
cuivrique.   sulfurique.   de cuivre.   libre.

4° **Procédé Péchiney-Weldon.** — On chauffe au contact de l'air, vers 1000°, de l'*oxychlorure de magnésium*. Il se forme de la magnésie, et le chlore est mis en liberté, comme l'indique l'équation :

$$MgO,MgCl^2 + O = 2MgO + 2Cl.$$

Oxychlorure   Oxygène.   Magnésie.   Chlore
de magnésium.   libre.

68. Propriétés physiques. — Le chlore pur et sec est un gaz jaune verdâtre, comme le rappelle son nom (*chlôros*, jaune). Il a une odeur suffocante et une saveur caustique. Sa densité, par rapport à l'air, est 2,44 ; par conséquent, un litre de chlore pèse :

$$1,293 \times 2,44 = 3^{gr},16.$$

Il est assez soluble dans l'eau. Son coefficient de solubilité, variable avec la température, est maximum à 8° ; il vaut alors 3,04, c'est-à-dire qu'un litre d'eau à 8° peut dissoudre $3^l,04$ de chlore.

Pour préparer sa dissolution, dite **eau de chlore**, on fait passer le gaz dans une série de flacons contenant de l'eau (fig. 26).

Le chlore se liquéfie sous la pression de 4 atmosphères, à la tem-

pérature de 15°, et sous la pression normale à la température de
— 50°.

Il se solidifie à — 102°.

On peut liquéfier le chlore par la méthode de Faraday [1].

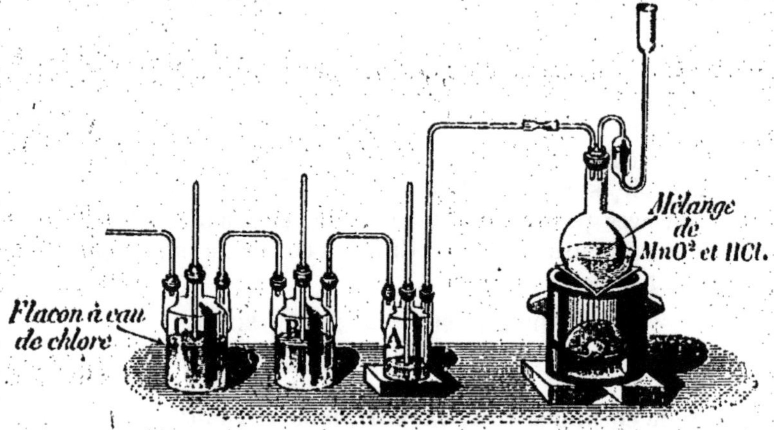

Fig. 20. — Préparation de l'eau de chlore.
On fait passer le chlore gazeux dans une série de flacons tubulés : A, B, C, où il se dissout.

Dans l'une des branches d'un tube recourbé, on introduit des
cristaux d'hydrate de chlore $Cl + 10H^2O$, puis on ferme ce tube à
la lampe. Il suffit de chauffer légèrement la première branche, pendant que l'autre plonge dans un mélange réfrigérant.

Le liquide obtenu est jaune verdâtre; sa densité est 1,33. Il faut
conserver la dissolution du chlore dans des flacons en verre noir;
parce que, à la lumière solaire, ce gaz décompose l'eau.

69. Propriétés chimiques. — Le chlore est le corps le plus
électro-négatif après l'oxygène. Aussi ces deux corps ne se combinent
jamais directement entre eux, et leurs composés communs sont toujours très instables.

Action sur l'hydrogène. — La propriété caractéristique du chlore
est sa grande affinité pour l'hydrogène. Mélangés à volumes égaux,
ces deux corps produisent de l'acide chlorhydrique HCl.

Dans l'obscurité, leur combinaison est lente et sans manifestation
extérieure; mais, *à la lumière solaire*, elle s'opère brusquement, et
le flacon vole en éclats.

Action sur les composés hydrogénés. — Le chlore décompose tous

[1] FARADAY (Michel), célèbre physicien anglais (1794-1867).

les composés hydrogénés : il s'empare de leur hydrogène pour former de l'acide chlorhydrique.

Ainsi le chlore décompose l'*eau* H^2O :

$$H^2O + 2Cl = 2HCl + O.$$
Eau. Chlore. Acide chlorhydrique. Oxygène libre.

Il décompose de même l'*acide sulfhydrique* H^2S :

$$H^2S + Cl^2 = 2HCl + S$$
Acide sulfhydrique. Chlore. Acide chlorhydrique. Soufre en liberté.

En présence du *gaz ammoniac* AzH^3, le chlore met l'azote en liberté; mais l'acide chlorhydrique formé s'unit à l'ammoniaque non décomposée, pour produire du *chlorure d'ammonium* AzH^4Cl.

On peut faire l'expérience dans un flacon plein de chlore sec, où l'on injecte du gaz ammoniac; celui-ci s'enflamme spontanément, en produisant des fumées blanches de chlorure d'ammonium (fig. 27).

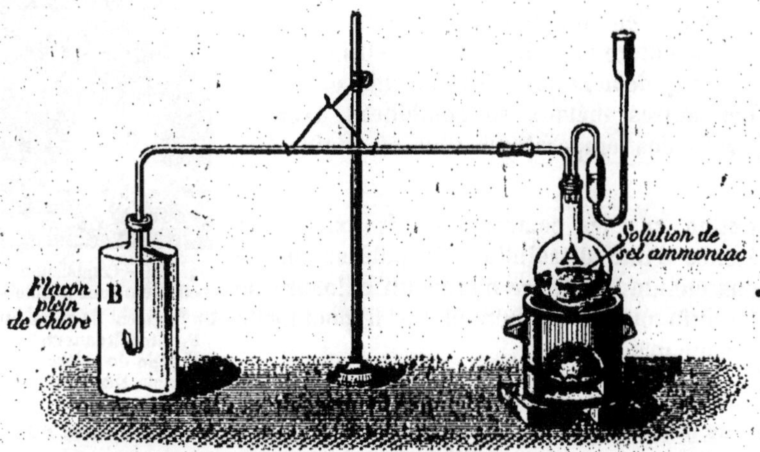

Fig. 27. — Combustion du gaz ammoniac dans le chlore.
Un jet de gaz ammoniac s'enflamme dans un flacon plein de chlore sec, en produisant des fumées blanches de chlorure d'ammonium et en dégageant de l'azote.

Ou bien, dans un flacon contenant une dissolution concentrée de gaz ammoniac, on fait arriver un courant de chlore; chaque bulle de chlore arrivant dans l'ammoniaque y produit une sorte d'éclair.

Pour mettre en évidence le dégagement d'azote qui accompagne cette réaction, on verse de l'eau de chlore dans un tube jusqu'au $\frac{2}{10}$

de la hauteur, on achève le remplissage avec de l'ammoniaque, puis on retourne le tube sur la cuve à eau. À mesure que l'ammoniaque prend contact avec le chlore, il se produit des bulles d'azote que l'on voit se rassembler à la partie supérieure du tube.

Action sur les autres métalloïdes. — L'oxygène, l'azote, le carbone et le fluor sont les seuls métalloïdes avec lesquels le chlore ne se combine pas directement[1]. Le phosphore, l'arsenic, l'antimoine, projetés dans le chlore, s'y enflamment spontanément et produisent des chlorures. Les deux derniers y brûlent avec éclat (fig. 28).

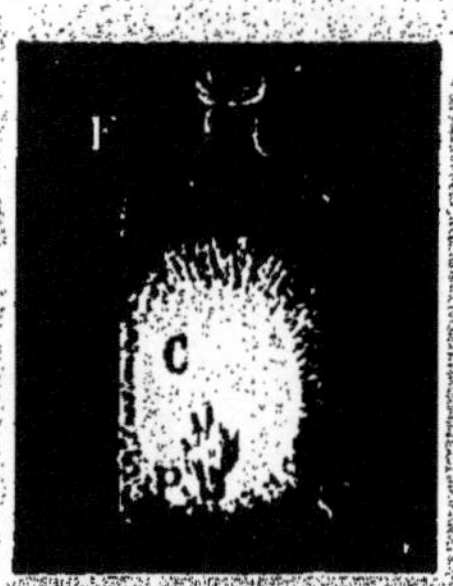

Fig. 28.
Combustion de l'antimoine dans le chlore.

Action sur les métaux. — Certains métaux se combinent avec le chlore à la température ordinaire, et quelques-uns même, comme le mercure, avec beaucoup d'énergie. Ainsi le potassium s'enflamme spontanément dans un flacon de chlore (fig. 29), et une feuille d'or se dissout rapidement dans l'eau de chlore.

Les autres métaux se combinent avec le chlore à des températures plus ou moins élevées.

Fig. 29. — Combustion du potassium dans le chlore. Un fragment de potassium P, introduit dans un flacon C plein de chlore, s'enflamme spontanément.

Action sur les composés minéraux. — En présence d'une dissolution de potasse ou de chaux éteinte, le chlore donne un chlorure de potassium ou de calcium et un hypochlorite du même métal.

Action sur les composés organiques. — La grande affinité du chlore pour l'hydrogène explique son action sur la plupart des *composés organiques*.

Un peu d'essence de térébenthine, puisée à l'aide d'un papier non collé et plongée aussitôt dans du chlore sec, s'enflamme spontanément et donne de l'acide chlorhydrique avec du noir de fumée.

La même affinité du chlore pour l'hydrogène explique la *décomposition des matières colorantes* et *des matières putrides*.

Elle explique aussi son rôle *oxydant*; car, en s'emparant de l'hydrogène de l'eau, le chlore laisse réagir l'oxygène.

[1] Le chlore se combine avec le brome et l'iode pour donner des chlorures. Ainsi l'on connaît le chlorure de brome $BrCl^5$, liquide jaune rougeâtre; les chlorures d'iode ICl et ICl^3.

Pour les réactions de ces derniers groupes, on peut remplacer le chlore par un de ses composés, tel que l'*acide hypochloreux*, ou un *hypochlorite*, comme on le fait pour la *désinfection* et pour le *blanchiment*.

Les bouchons de liège ou de caoutchouc sont attaqués très fortement par le chlore.

70. Applications. — Les propriétés *décolorantes* du chlore sont utilisées en grand pour le blanchiment des fils de lin, de coton, de chanvre, de la pâte à papier, de la cellulose, de la paille; pour l'enlèvement des couleurs, etc.

Ses propriétés désinfectantes le font employer pour le traitement des plaies infectes et des brûlures, pour la désinfection des fosses d'aisances, des hôpitaux et de tout autre lieu contaminé par des miasmes.

Le chlore est employé pour la préparation des chlorures métalliques. Il sert également pour préparer ou extraire le brome, l'iode, les composés organiques chlorés tels que le chloral, certaines matières colorantes, etc.

Pour ces différents usages, au lieu d'employer le chlore gazeux, on préfère lui substituer les **chlorures décolorants**, qui sont d'un emploi plus commode (75).

§ II. — ACIDE HYPOCHLOREUX

Formule : ClOH.   Poids moléculaire : 52,5.

71. Acide hypochloreux. — L'oxygène et le chlore forment, en se combinant, quelques anhydrides qui se transforment en acides au contact de l'air.

Le plus important de ces composés a été découvert par Balard[1], en 1834. C'est l'*acide hypochloreux* ClOH, dont l'*anhydride* est Cl^2O.

L'anhydride hypochloreux est un liquide rouge qui se dissout dans l'eau, en donnant une dissolution jaune d'acide hypochloreux.

72. Préparation. — L'acide hypochloreux peut s'obtenir, soit par l'intermédiaire de son anhydride, soit d'une manière directe.

1° Pour préparer l'*anhydride hypochloreux*, on fait réagir du chlore sec sur de l'oxyde jaune de mercure, que l'on a desséché dans une étuve à 300°, et mélangé ensuite avec de la ponce calcinée.

[1] BALARD, chimiste français, a découvert le brome (1802-1876).

Ce mélange est introduit dans un tube entouré de glace, dans lequel on fait passer le courant de chlore sec. L'anhydride se dégage sous forme d'un liquide rouge, que l'on recueille dans un récipient refroidi.

Il suffit de le dissoudre dans l'eau pour obtenir la dissolution jaune d'acide hypochloreux.

2° Cette même dissolution peut s'obtenir aussi d'une manière directe. Dans un flacon plein de chlore, on introduit de l'oxyde de mercure avec un peu d'eau, et l'on agite fortement. La coloration du gaz disparaît, on a de l'acide hypochloreux dissous dans l'eau.

73. Propriétés. — L'acide hypochloreux est un liquide jaune. Ses propriétés oxydantes et décolorantes sont encore plus énergiques que celles du chlore, parce qu'il agit à la fois par son chlore et par son oxygène : l'un et l'autre ayant beaucoup d'affinité pour l'hydrogène, qui constitue l'un des éléments principaux des matières colorantes.

La dissolution d'acide hypochloreux doit être conservée dans des flacons colorés ; car la lumière solaire la décompose en acide chlorhydrique et en oxygène.

L'acide chlorhydrique la décompose en chlore et en eau, comme l'indique l'équation :

$$ClOH + HCl = H^2O + Cl^2.$$

Acide   Acide   Eau.   Chlore.
hypochloreux. chlorhydrique.

74. Usages. — Les propriétés oxydantes de l'acide hypochloreux sont utilisées dans les laboratoires, et ses propriétés décolorantes dans l'industrie.

Pour cet usage industriel, on emploie de préférence les hypochlorites alcalins ou alcalino-terreux, qui laissent dégager leur acide hypochloreux sous l'influence du gaz carbonique de l'air.

§ III. — CHLORURES DÉCOLORANTS

75. Chlorures décolorants. — On appelle *chlorures décolorants* des composés qui résultent, en général, du mélange d'un hypochlorite alcalin ou alcalino-terreux, avec le chlorure du même métal.

Chacun d'eux est une source de chlore facilement utilisable.

Les trois principaux sont : l'*eau de Javel*, la *liqueur de Labarraque* et le *chlorure de chaux*.

76. Eau de Javel [1]. — L'eau de Javel est un mélange d'hypochlorite de potassium avec le chlorure du même métal.

On la *prépare* en faisant passer lentement un courant de chlore dans une dissolution de potasse caustique contenue dans un récipient refroidi.

La liqueur obtenue a pour formule :

$$ClOK + KCl + H^2O.$$

Hypochlorite   Chlorure   Eau.
de potassium.   de potassium.

Elle est colorée légèrement en rose par un peu de sel de manganèse.

Ses différents *usages* sont fondés sur ses propriétés décolorantes, oxydantes et désinfectantes.

77. Liqueur de Labarraque [2]. — Cette liqueur est un mélange d'hypochlorite de sodium avec le chlorure du même métal.

On l'obtient de la même manière que l'eau de Javel, mais en remplaçant la potasse par la soude.

Dans l'industrie on la *prépare* d'une manière plus simple. Il suffit de mélanger, en proportion convenable, des dissolutions aqueuses de chlorure de calcium et de sulfate de sodium. Il se produit entre ces deux sels une double décomposition. Le sulfate de calcium insoluble se dépose, et la liqueur ne contient plus qu'un mélange d'hypochlorite de sodium et de chlorure de sodium en dissolution.

$$ClONa + NaCl + H^2O.$$

Hypochlorite   Chlorure   Eau.
de sodium.   de sodium.

Cette liqueur jouit des mêmes propriétés que l'eau de Javel ; elle sert aux mêmes usages, et on l'emploie aujourd'hui sous le même nom.

78. Chlorure de chaux. — Le chlorure de chaux se présente sous deux états : à l'état pulvérulent ou de *chlorure sec*, et à l'état hydraté ou de *chlorure liquide*.

Chlorure sec. — *Préparation.* — On prépare le chlorure sec en soumettant de la chaux éteinte à l'action lente d'un courant de chlore. Quand le gaz en excès remplit la chambre où se fait l'opération, la réaction est terminée.

Pour cette préparation il ne faut employer que de la chaux éteinte et très pure : la chaux vive n'absorberait pas le chlore ; l'argile et la silice diminueraient la richesse du produit ; le fer et le manganèse le

---

[1] JAVEL, village près de Paris où la liqueur de ce nom paraît avoir été d'abord préparée.
[2] LABARRAQUE, pharmacien à Paris, a préparé en 1814, pour la première fois, la liqueur qui porte son nom.

coloreraient ; la magnésie le rendrait déliquescent et, par suite, altérable, etc.

Propriétés. — Le chlorure de chaux sec est blanc et pulvérulent, comme la chaux éteinte qui sert à le préparer ; mais il possède une odeur caractéristique.

Dans l'eau, il se dissout partiellement : le résidu solide, blanc, est constitué par de la chaux hydratée, et la dissolution contient un mélange d'hypochlorite de calcium et de chlorure de calcium, qui ont pris naissance au contact de l'eau.

Exposé à l'air, le chlorure de chaux sec en absorbe peu à peu l'humidité. Quand il se mouille trop vite, c'est qu'il a été mal préparé.

A la lumière, il se décompose très lentement.

Sous l'action de la chaleur, il se décompose d'abord en chlorure et en chlorate de calcium ; puis, à une température plus élevée, il dégage de l'oxygène.

Lorsque le chlorure de chaux est soumis à l'action des acides, même les plus faibles, ou du gaz carbonique de l'air, il se dégage du chlore.

Chlorure liquide. — Pour préparer le chlorure de chaux liquide, on fait arriver le chlore dans une auge en pierre contenant de la chaux éteinte, délayée dans une très grande quantité d'eau, et agitée par des moulinets, qui activent l'absorption du gaz en multipliant les points de contact.

On arrête l'opération quand le liquide titre 15°. On fait couler ce liquide dans des cuves où on le laisse reposer ; après quoi il est prêt à être livré au commerce.

Le chlorure de chaux liquide est plus altérable que le chlorure sec ; aussi est-il beaucoup moins employé.

Titre chlorométrique. — On dit qu'un chlorure titre 100° chlorométriques, quand un kilogramme de ce chlorure équivaut à 100 litres de chlore pour la décoloration des matières organiques.

§ IV. — ACIDE CHLORHYDRIQUE

Formule : HCl.   Poids moléculaire : 36,5.

70. Historique et état naturel. — Les anciennes dénominations de l'acide chlorhydrique : *esprit de sel, acide marin, acide muriatique,* lui venaient de son mode de préparation à l'aide du sel marin ; son nom actuel indique sa composition, qui fut déterminée par Thénard[1].

---

[1] THÉNARD, chimiste français (1777-1857), découvrit le bore, inventa le bleu qui porte son nom, détermina la composition de l'acide chlorhydrique, etc.

L'acide chlorhydrique existe à l'état libre dans les émanations des volcans, et en dissolution dans les eaux qui proviennent de certaines régions volcaniques.

80. Préparations. — Il existe plusieurs manières d'obtenir l'acide chlorhydrique en combinant directement le chlore avec l'hydrogène; mais ces procédés ne sont guère pratiques.

1° Préparation de laboratoire. — On chauffe dans un ballon le mélange de sel marin [1] et d'acide sulfurique. Le tube à dégagement, muni d'un tube de sûreté, se rend, soit sous une éprouvette placée sur la cuve à mercure, soit dans un flacon bien sec, où l'acide, grâce à sa densité, déplace l'air. Comme la température est moins élevée que dans les moufles, il se forme du sulfate acide de soude. La réaction peut se formuler par l'équation :

$$SO^4 < {H \atop H} + NaCl = SO^4 < {Na \atop H} + HCl$$

ou
$$SO^4H^2 + NaCl = SO^4NaH + HCl.$$

Acide   Chlorure   Bisulfate   Acide
sulfurique.   de sodium.   de sodium.   chlorhydrique.

2° Préparation industrielle. — Dans l'industrie on attaque le sel marin par l'acide sulfurique. La réaction est la suivante :

$$SO^4 < {H \atop H} + {NaCl \atop NaCl} = SO^4 < {Na \atop Na} + {HCl \atop HCl}$$

ou
$$SO^4H^2 + 2NaCl = SO^4Na^2 + 2HCl.$$

Acide   Chlorure   Sulfate   Acide
sulfurique.   de sodium.   de sodium.   chlorhydrique.

Cette opération s'effectue dans des fours *à moufles*, c'est-à-dire des fours où la matière à traiter est soumise à l'action du feu dans des vaisseaux en terre, sans que la flamme puisse la toucher. En sortant des moufles, le gaz traverse des touries, espèces de bonbonnes en grès (fig. 30), à moitié remplies d'eau, et s'y dissout en grande partie. Le gaz, non retenu par le liquide des touries, traverse de bas en haut une tour remplie de coke, et se dissout dans l'eau versée par un robinet à la partie supérieure de la tour. Cette eau, qui coule en sens inverse de la marche du gaz à travers les fragments de coke, se rend dans les touries, où elle arrive chargée d'acide chlorhydrique.

81. Propriétés. — L'acide chlorhydrique pur est gazeux à la température et à la pression ordinaires; mais il se liquéfie si on le soumet à une forte pression ou à un refroidissement considérable. Ainsi Faraday a obtenu l'acide liquide à + 10°, sous une pression de 40 atmosphères, et à — 80° sous la pression ordinaire.

Cet acide s'unit à la vapeur d'eau de l'air, en produisant des fumées

---

[1] Pour éviter une réaction trop vive, on prend du sel marin fondu.

blanches qui retombent en brouillards; son odeur est très piquante, sa densité égale 1,26.

Son affinité pour l'eau est tellement grande, que si on débouche brusquement sur ce liquide un flacon rempli de gaz chlorhydrique, on voit l'eau s'y précipiter comme dans le vide; c'est pour cela que cet acide se condense si facilement dans l'air humide. A la température de 15°, l'eau peut absorber 475 fois son volume de gaz chlorhydrique, et 500 à 0°.

L'acide pur est incolore, il doit en être de même de sa dissolution

Fig. 30. — Préparation industrielle de l'acide chlorhydrique.

aqueuse; la dissolution courante du commerce est jaune ambre, parce qu'elle renferme du chlorure ferrique; elle contient 30 à 32 % de gaz chlorhydrique, et marque 20 à 22° Baumé.

Cet acide n'agit pas sur les métalloïdes; mais il attaque presque tous les métaux, avec lesquels il forme des chlorures.

82. Impuretés contenues dans la dissolution. — Les principales impuretés contenues dans la dissolution de l'acide chlorhydrique sont : a) de l'acide sulfurique entraîné; b) du chlorure ferrique qui lui donne sa couleur jaune; c) quelquefois du gaz sulfureux, en petite quantité; d) du chlorure d'arsenic, provenant de l'arsenic que contient généralement l'acide sulfurique employé.

83. Usages. — L'industrie consomme une notable quantité d'acide chlorhydrique pour la préparation des chlorures décolorants, des chlorures métalliques, le décapage des surfaces métalliques destinées à être étamées, l'extraction de la gélatine des os, la fabrication du sucre, du savon, des soudes, etc.

Dans les laboratoires, on s'en sert pour préparer l'hydrogène, le chlore, les acides volatils tels que les gaz carbonique et sulfhydrique, etc.

Eau régale. — Si on mélange 2 volumes d'acide chlorhydrique avec 1 volume d'acide azotique, on obtient l'*eau régale*, ainsi appelée parce qu'elle dissout l'or, le roi des métaux. Cette propriété est mise en évidence de la manière suivante : on prend deux verres renfermant, l'un de l'acide azotique AzO^3H, l'autre de l'acide chlorhydrique. On introduit dans chaque verre une feuille qui reste intacte. Mais si on mélange les deux liquides, l'or disparaît, par suite de la production du chlore qui dissout le métal.

CHAPITRE VII

SOUFRE

Poids atomique : 32. Symbole : S. Poids moléculaire : 64.

---

84. État naturel. — Le soufre existe dans la nature, soit à l'état de *sulfure*, comme dans la *pyrite* FeS^2, la *galène* PbS, la *blende* ZnS, le *cinabre* HgS, etc. ; soit à l'état de sulfate, comme dans le *sulfate de calcium* ou *plâtre* SO^4Ca. Mais on le rencontre aussi à l'*état natif* dans les terrains volcaniques, où il forme des agglomérations plus ou moins importantes de soufre pur, et cristallisé en octaèdres ou en prismes. Le *minerai de soufre*, qu'on trouve dans les matières bitumineuses et dans certains calcaires, est un mélange intime de ce métalloïde avec des substances terreuses.

85. Extraction du soufre. — L'extraction du soufre a pour but de le séparer des matières étrangères avec lesquelles il est mélangé. Comme il fond à 114° et bout à 447°, températures faciles à obtenir, on l'extrait, suivant les circonstances, par *fusion* ou par *distillation*.

Procédé par fusion. — Le procédé par fusion est employé dans les *calcaroni*, espèces de meules construites avec des blocs de minerais. Pour établir les calcaroni, on pose sur une sole inclinée, dont la terre a été tassée, une première couche de blocs assez gros ; puis on entasse sur ce lit d'autres couches composées de fragments de plus en plus petits à mesure qu'on s'éloigne de la base (fig. 31). On recouvre le tout de terre, et on y met le feu. Quelques ouvertures, ménagées à cet effet, provoquent un courant d'air amenant l'oxygène nécessaire à la combustion.

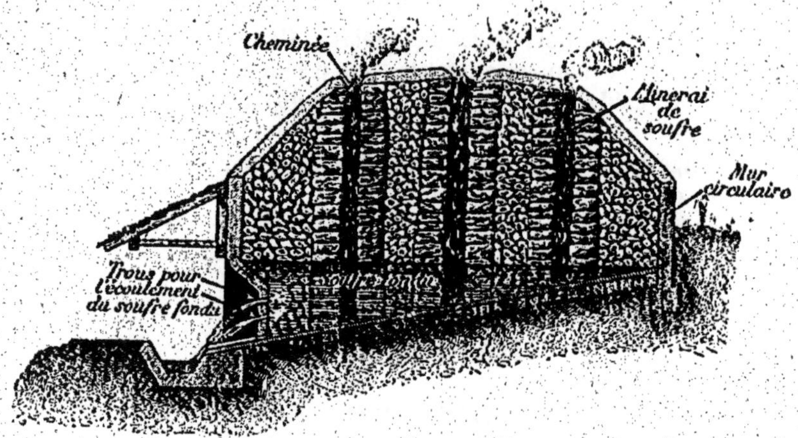

Fig. 31. — Extraction du soufre. (Procédé des calcaroni.)

Inconvénients du procédé des calcaroni. — 1° Le procédé des calcaroni ne peut pas être pratiqué pendant toute l'année, à cause du dégagement considérable de gaz sulfureux nuisible aux récoltes.

2° La fusion d'une partie du soufre étant déterminée par la combustion d'une autre partie, il en résulte une perte.

Amélioration du rendement. — Dans les environs de Naples, on obtient un rendement plus considérable en produisant la fusion du soufre à l'aide de la vapeur d'eau surchauffée.

Procédé par distillation. — Avec le minerai bitumineux, le procédé par distillation est le seul praticable; car, en appliquant la méthode précédente, le *bitume* fondrait avec le soufre.

L'appareil distillatoire, employé en Romagne, est un *fourneau de galère* [1]. On y range, sur deux files, des pots en grès communiquant, par une tubulure latérale inclinée, avec d'autres vases semblables placés à l'extérieur, et destinés à condenser les vapeurs de soufre (fig. 32). Les pots qui se trouvent dans le fourneau sont chargés par leur partie supérieure, fermés et chauffés à 1500°. Le soufre liquide, d'abord contenu dans les vases extérieurs, s'écoule

[1] Les fourneaux de galère sont de longs fours, en briques réfractaires, dans lesquels on peut chauffer plusieurs vases à la fois.

ensuite dans des baquets d'eau froide, où il se solidifie. Le soufre ainsi obtenu renferme encore de 3 à 7 % de matières étrangères.

Fig. 32. — Extraction du soufre par distillation.

Raffinage. — Le soufre est distillé à nouveau. On dirige les vapeurs dans une grande chambre en maçonnerie (fig. 33), où elles

Fig. 33. — Raffinage du soufre.

Le soufre, introduit dans la chaudière A, fond et descend par le conduit *r* dans la cornue P, où il se vaporise. Les vapeurs vont se condenser dans la chambre B.

se condensent d'abord sous forme d'une poussière fine, appelée *fleur de soufre.*

Mais au bout de quelque temps les parois de la chambre s'échauffent, et, si l'on évite de les refroidir, le soufre se réunit à l'état liquide sur le fond. On peut alors le recueillir dans des moules en bois, légèrement coniques, plongés dans des baquets d'eau froide. On obtient de cette façon le *soufre en canons*, ainsi appelé à cause de sa forme au sortir des moules.

Extraction du soufre des pyrites.—La *pyrite* FeS^2, substance jaune, cristallisée en cubes ou en prismes, est pulvérisée, puis introduite dans des tubes en terre réfractaire que l'on chauffe. Le soufre se dégage, et il reste comme résidu de la *pyrite magnétique* Fe^3S^4. La réaction est la suivante :

$$3FeS^2 = Fe^3S^4 + 2S.$$

Pyrite.   Pyrite magnétique.   Soufre.

Le soufre obtenu de cette façon n'est pas pur, et de plus le rendement est très faible.

Extraction du soufre des marcs de soude. — Si on chauffe un mélange de sulfate de sodium, de charbon et de craie, on obtient un produit appelé *soude brute*. Cette matière, concassée en petits fragments et soumise à un lavage méthodique dans des paniers en tôle, abandonne les parties solubles, et laisse comme résidu une substance désignée sous le nom de *marc de soude* ou *charrée de soude*.

L'action combinée de l'eau et du gaz carbonique donne, avec les marcs de soude, du carbonate de calcium et de l'acide sulfhydrique. En faisant passer ce dernier gaz, avec une proportion convenable d'air, sur de l'oxyde de fer chauffé au rouge, on obtient de l'*eau* et du *soufre*. Le rendement de cette méthode est relativement considérable; on arrive à retirer les $\frac{9}{10}$ du soufre contenu dans le sulfate.

86. Propriétés physiques. — A la température ordinaire, le soufre est un corps solide, jaune citron, inodore et insipide. Il acquiert par le frottement une odeur propre aux corps électrisés. Sa densité est 2,07. Il est mauvais conducteur de l'électricité et de la chaleur; ces deux propriétés se manifestent dans les expériences suivantes :

A) Un morceau de soufre tenu à la main peut s'électriser par frottement;

B) Si on chauffe ce corps à la surface, par exemple en le serrant avec la main, on entend des craquements, dus aux ruptures causées par la dilatation superficielle. En plongeant un bâton de soufre dans de l'eau très chaude, les craquements sont encore plus forts.

On peut tenir entre les doigts, sans ressentir la chaleur, un morceau de soufre enflammé à l'une des extrémités.

Ce corps, insoluble dans l'eau, peu soluble dans l'alcool, se dissout assez facilement dans le pétrole et la benzine. Mais sa solubilité dans le sulfure de carbone est surtout remarquable ; elle atteint $\frac{34}{100}$ de son poids à la température de 15°, et presque le double de son poids (exactement $\frac{181}{100}$) à la température d'ébullition du liquide saturé.

Action de la chaleur. — Le soufre fond vers 114°, en donnant un liquide transparent, dont la couleur et la fluidité varient avec la température. Jaune et très fluide au moment de la fusion, le liquide devient peu à peu visqueux ; et vers 200°, on peut retourner le vase qui le contient sans qu'il y ait écoulement. La couleur est devenue rouge brun. Si on continue à chauffer, la matière redevient fluide, mais garde sa coloration. A 447°, sous la pression de 76^{cm}, le liquide bout, et distille peu à peu sous forme de vapeurs rouge-brun, très denses. En refroidissant lentement le soufre fondu, à partir de 447°, on peut constater en sens inverse les mêmes états de viscosité, de fluidité et de coloration.

87. Cristallisation. — Le soufre solide se présente sous différentes formes qui varient avec les conditions de sa solidification. Ainsi on le trouve à l'état *cristallisé*, c'est-à-dire affectant une forme géométrique régulière qui est ou l'octaèdre régulier, *soufre octaédrique*, ou le prisme, *soufre prismatique*. On rencontre également du *soufre amorphe*, qui n'affecte la forme d'aucune figure géométrique déterminée [1].

Propriétés particulières de ces trois variétés. — La densité du soufre amorphe est 2,04, celle de l'octaédrique 2,07, et celle du prismatique 1,97. Les cristaux octaédriques fondent à 113°, les prismatiques à 117° ; quant au soufre amorphe, il se transforme en prismatique, si on le maintient pendant quelque temps à 100°. Le soufre *cristallisé*, sous l'une ou l'autre forme, se dissout dans le sulfure de carbone ; l'*amorphe* y est insoluble.

Passage d'un état cristallin à l'autre. — La forme *prismatique* est très instable ; ainsi, abandonnés à eux-mêmes, les cristaux prisma-'iques se transforment peu à peu en *octaèdres* ; si l'on humecte les aiguilles prismatiques avec du sulfure de carbone, la transformation est encore plus rapide. Le soufre *octaédrique*, au contraire, est très stable à la température ordinaire.

---

[1] On pourrait croire, d'après ce qui précède, qu'il n'existe pour le soufre que deux sortes de cristaux : l'*octaèdre* et le *prisme*. Il n'en est rien. Ces deux variétés sont les principales, et M. *Muthmann* a trouvé pour ce corps quatre autres formes cristallines, auxquelles il convient d'ajouter deux nouvelles variétés, signalées : l'une par M. *Friedel*, et l'autre par M. *Engel*. Le soufre n'est donc pas seulement *dimorphe*, comme on le dit ordinairement, mais *polymorphe*.

On obtient les prismes, soit par le refroidissement lent du soufre fondu, soit en maintenant les cristaux octaédriques à une température voisine de 112°. Le premier moyen de cristallisation se réalise dans l'expérience classique suivante : on fond du soufre dans une capsule, et on laisse refroidir lentement ; lorsque la croûte superficielle est à peu près solidifiée, on la perce de deux trous diamétralement opposés, et on décante la partie restée encore liquide. De cette façon on obtient des aiguilles prismatiques longues et flexibles ; mais peu à peu elles se transforment en octaèdres (fig. 34). Cette propriété du soufre, de pouvoir exister sous des formes différentes, s'énonce en disant que ce corps possède plusieurs états *allotropiques*.

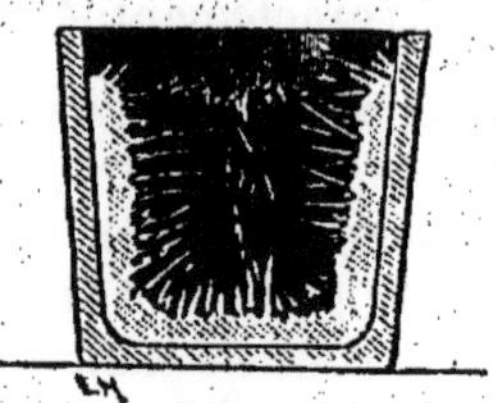

Fig. 34.
Cristallisation du soufre fondu.

Soufre mou. — Si on coule brusquement, dans de l'eau froide, du soufre porté à une température voisine de 230°, on obtient un corps jaune ambré, élastique, mou, et appelé pour cette raison *soufre mou*. Ce nouvel état du soufre est très instable ; peu à peu ce corps redevient dur et cristallise en octaèdre.

Densité de vapeur du soufre. — La densité de vapeur du soufre égale 6,6 à l'ébullition, c'est-à-dire à 450° ; si on continue à chauffer, la densité diminue peu à peu jusqu'à 900° ; à partir de cette température, elle reste constante et égale à 2,2.

Le poids moléculaire diminue avec la densité ; il égale 6×32 à 450°, et $2,2 \times 32$ à 900°.

On peut interpréter ces faits de la manière suivante : à 450° la molécule de soufre est formée de six atomes, puis elle se désagrège à mesure que la température s'élève, et à 900° elle ne renferme plus que deux atomes qui ne peuvent être séparés par l'effet de la température seule. (Un phénomène analogue se produit avec l'iode.)

88. Propriétés chimiques. — **Action des métalloïdes.** — Les propriétés chimiques du soufre présentent de grandes analogies avec celles de l'oxygène. Comme ce gaz, il se combine avec la plupart des métalloïdes, et quelques-unes des combinaisons obtenues sont comparables aux composés oxygénés correspondants. Ainsi il s'unit à l'hydrogène pour former H^2S et H^2S^2 ; l'oxygène donnait H^2O et H^2O^2.

Si on chauffe du carbone au rouge, dans un courant de vapeur de soufre, on obtient le *sulfure de carbone* CS^2 : corps qui offre une très grande analogie, au point de vue de sa formule, avec le gaz carbonique CO^2 ; aussi l'appelle-t-on encore *anhydride sulfocarbonique*.

Le soufre brûle dans l'oxygène ou dans l'air avec une flamme bleue, en produisant du *gaz sulfureux* SO^2. Il est donc à la fois *comburant* et *combustible*, propriété qui le différencie nettement de l'oxygène et de l'hydrogène.

Grâce à son affinité pour l'oxygène, le soufre est un réducteur énergique ; il décompose les produits oxygénés en passant à l'état de gaz sulfureux. Ainsi il réduit facilement les acides sulfurique et azotique. Lorsqu'on met le soufre en présence de certains oxydes métalliques, il agit à la fois par sa double affinité pour l'oxygène et pour les métaux.

Action des métaux. — Les métaux qui brûlent dans l'oxygène se combinent aussi avec incandescence à la vapeur de soufre ; ils engendrent des produits sulfurés, dont la formule rappelle les composés oxygénés correspondants.

Si on mélange intimement du fer divisé et humide avec du soufre en fleur, les deux corps se combinent, même à froid. C'est l'expérience du *volcan de Lémery* ; elle se fait dans un flacon dont le goulot porte un bouchon traversé par un tube effilé. Les deux substances étant introduites dans le vase, à raison de 2 parties de fer pour 1 de soufre, on arrose le mélange avec de l'eau, et la combinaison ne tarde pas à se manifester par le jet de vapeur qui s'échappe à l'extrémité du tube effilé.

Si on mêle 2 parties de limaille de zinc avec 1 partie de soufre en fleur, on obtient un mélange qui détone par le choc ; au contact d'une allumette, il produit une flamme bleue.

89. Usages. — L'industrie emploie le soufre pour préparer le gaz sulfureux, l'acide sulfurique pur, le sulfure de carbone, divers sulfures métalliques, les sulfites, les hyposulfites, certaines matières colorantes, les allumettes, le caoutchouc, la diélectrine (*isolant électrique obtenu en fondant ensemble du soufre et de la paraffine*), les poudres de chasse et de mine, etc.

La médecine s'en sert pour combattre les maladies de la peau ; les vignerons l'emploient contre l'*oïdium* (maladie de la vigne).

On l'utilise également pour prendre des empreintes de médailles, sceller le fer dans les pierres [1], etc.

---

[1] Il est bon de remarquer que ce mode de scellement est défectueux, et qu'on lui préfère de beaucoup le scellement au ciment ou au plomb.

CHAPITRE VIII

CORPS CRISTALLISÉS

On appelle *corps cristallisés,* ou simplement *cristaux, les corps qui se présentent sous l'aspect de solides polyédriques réguliers.*

Il se rencontre des cristaux tout formés dans la nature; mais on peut aussi en obtenir par le phénomène de la *cristallisation.*

90. **Cristallisation.** — *La cristallisation est une opération moléculaire par laquelle les corps prennent une forme polyédrique régulière, soit en passant de l'état liquide ou gazeux à l'état solide, soit en se séparant d'une dissolution ou d'un composé dont ils faisaient partie.*

Les formes régulières résultant de cette opération sont dites *cristallines;* elles sont généralement une preuve de la pureté des substances chimiques. Leur étude est très importante. Elle peut fournir sur la nature d'un corps des documents aussi précieux que toute autre propriété physique.

91. **Procédés de cristallisation.** — Il existe plusieurs procédés de cristallisation : 1° *Le refroidissement lent du corps fondu,* c'est ainsi qu'on obtient le soufre *prismatique.*

2° *L'évaporation ou le refroidissement lent d'une dissolution saturée;* c'est ainsi que l'on prépare le soufre *octaédrique* en laissant refroidir, à partir de 55°, une dissolution saturée de ce métalloïde dans le sulfure de carbone.

3° *Le déplacement d'un métal de sa dissolution saline.* Quand on verse de l'azotate d'argent dissous dans un vase contenant du mercure, on voit bientôt se former à la surface de ce métal des cristaux d'amalgame d'argent, qui constituent ce que l'on appelle *l'arbre de Diane.*

Formes cristallines. — Les formes cristallines sont très variées. Elles peuvent être classées en sept groupes, désignés sous le nom de *systèmes cristallins.* Chacun de ces groupes est caractérisé par un *polyèdre type,* duquel dérivent tous les autres cristaux du même système, par une série de modifications soumises à la loi de *Haüy*[1] ou loi de *symétrie*. Les sept groupes diffèrent entre eux par le *nombre* et la *disposition des axes*.

On appelle axes *les droites mathématiques autour desquelles les faces sont ordonnées symétriquement*.

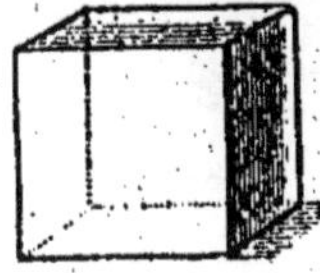

Fig. 35.

Systèmes cristallins. — 1° *Système cubique.* Le polyèdre fondamental du premier système est le *cube*. Il comprend un nombre considérable de formes dérivées. Les cristaux de ce groupe ont trois axes rectangulaires et égaux. Ex. : le chlorure de sodium, le chlorure de potassium, le chlorure d'argent, l'alun, etc. (fig. 35).

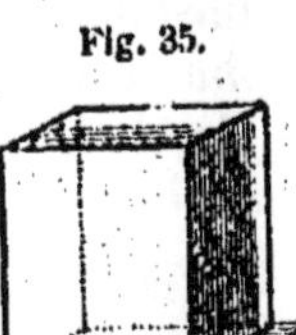

Fig. 36.

2° *Le système quadratique.* Dans ce système on retrouve trois axes rectangulaires, dont deux seulement sont égaux ; la forme fondamentale est le prisme droit à *base carrée* (fig. 36). Ex. : la cassitérite ou bioxyde d'étain.

3° *Le système orthorhombique.* Les cristaux de ce groupe ont trois axes rectangulaires inégaux. Leur forme fondamentale est le prisme droit à *base rhombe* (fig. 37). Ex. : le soufre octaédrique.

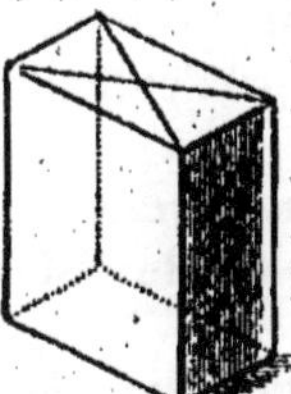

Fig. 37.   Fig. 38.

4° *Le système hexagonal.* Le nom de ce système rappelle la forme du cristal type, à savoir celle du *prisme hexagonal régulier*. Dans ce groupe il y a trois axes égaux non rectangulaires, faisant entre eux un angle de 60°. Un quatrième axe est perpendiculaire au plan des trois premiers (fig. 38). Ex. : le cristal de roche.

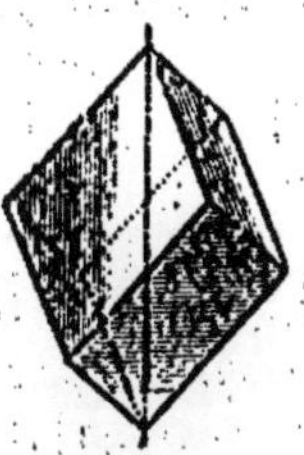
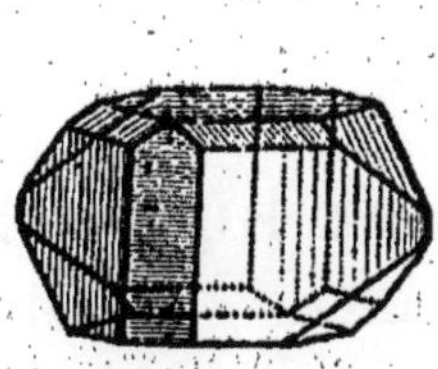

Fig. 39.   Fig. 40.

5° *Le système rhomboédrique.* Dans ce groupe, la forme fondamentale est le rhomboèdre limité par six losanges (fig. 39). Ex. : le spath d'Islande.

6° *Le système clinorhombique.* Le cristal type du sixième groupe affecte la forme d'un prisme oblique à base rhombe, dans lequel on rencontre trois axes inégaux, dont l'un est perpendiculaire au plan des deux autres (fig. 40). Ex. : le soufre prismatique.

[1] Haüy (l'abbé), grand minéralogiste français (1743-1822). Il fut successivement professeur de cinquième au collège du cardinal Lemoine ; professeur de botanique au Jardin des Plantes, de minéralogie au Muséum, à l'École des mines et à la Sorbonne. Il est le créateur de la cristallographie.

7° *Le système triclinique* ou *anorthique*. La forme fondamentale de ce dernier système, dont les cristaux n'ont pas d'axe de symétrie, est le prisme oblique à base parallélogramme (fig. 41). Ex. : le sulfate de cuivre à cinq molécules d'eau.

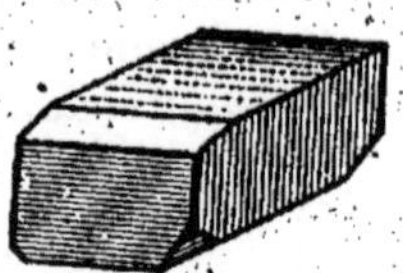

Fig. 41.

Corps amorphes. — Les corps *amorphes* sont ceux qu'on ne peut ranger dans aucun des systèmes cristallins. Les substances molles entrent généralement dans cette catégorie. Il est des substances qui peuvent exister, suivant les conditions, à l'état *amorphe* et à l'état *cristallin;* le premier état est alors instable. Par exemple, le soufre *amorphe* se transforme très facilement en soufre *prismatique*.

Polymorphisme. — Si un même corps, placé dans des conditions diverses, cristallise dans des systèmes différents, on dit qu'il est *polymorphe.*

Les cristaux de soufre obtenus par refroidissement lent de la matière fondue appartiennent au système *clinorhombique;* tandis que le soufre natif ou les cristaux provenant de l'évaporation de la dissolution du soufre dans le sulfure de carbone appartiennent au système *orthorhombique.*

Les corps qui ont deux formes cristallines sont *dimorphes.*

Le carbonate de calcium est *dimorphe;* il cristallise dans le système *rhomboédrique* et dans le système *orthorhombique.*

La cassitérite est *trimorphe,* le cristal de roche *quadrimorphe.*

Les substances polymorphes ont, comme nous l'avons vu pour le soufre, des propriétés physiques qui varient avec leur système de cristallisation.

CHAPITRE IX

COMPOSÉS DU SOUFRE

---

§ I. — ANHYDRIDE SULFUREUX

Formule : SO², Poids moléculaire : 64.

92. État naturel. — L'anhydride sulfureux est répandu dans l'atmosphère, surtout dans le voisinage des volcans et des grands centres industriels, où l'on brûle des houilles pyriteuses, etc.

93. Préparations. — **1° Préparation de laboratoire.** — La préparation de laboratoire repose sur la réduction partielle de l'acide sulfurique, par des métaux tels que le cuivre et le mercure, ou des métalloïdes comme le charbon et le soufre.

Mode opératoire. — On chauffe modérément, dans un ballon, de l'acide sulfurique avec du cuivre en lames, ou du mercure, et le gaz qui se dégage se rend soit dans une éprouvette placée sur la cuve à mercure, soit dans un flacon bien sec.

Suivant le métal employé, il se produit l'une des réactions suivantes :

$$Cu \; + \; 2SO^4H^2 \; = \; SO^4Cu + 2H^2O \; + \; SO^2$$

Cuivre.   Acide sulfurique.   Sulfate de cuivre.   Eau.   Anhydride sulfureux.

$$Hg \; + \; 2SO^4H^2 \; = \; SO^4Hg + 2H^2O \; + \; SO^2.$$

Mercure.   Acide sulfurique.   Sulfate de mercure.   Eau.   Anhydride sulfureux.

L'eau formée est arrêtée par un flacon laveur, contenant un peu d'acide sulfurique (fig. 42).

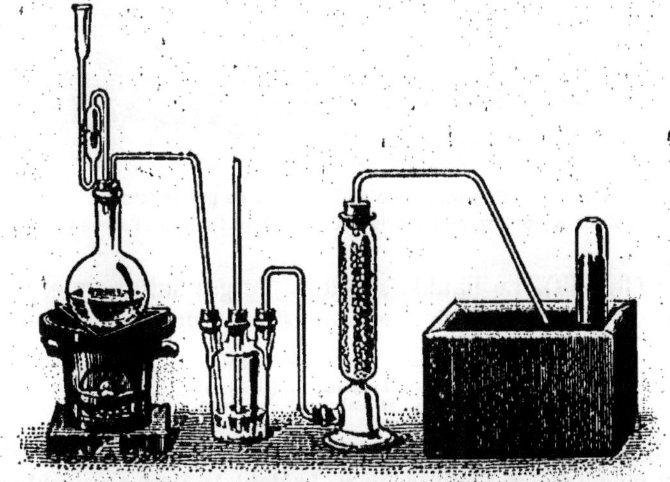

Fig. 42. — Préparation de l'anhydride sulfureux.
On chauffe modérément, dans un ballon, un mélange d'acide sulfurique et de cuivre. Le gaz qui se dégage est lavé, desséché, puis recueilli sur la cuve à mercure.

Avec le cuivre, la réaction est très vive au début; pour la modérer, on écarte momentanément le feu. Lorsque cette première effervescence est calmée, on chauffe à nouveau, et l'opération se poursuit d'une façon régulière.

Remarque. — Dans cette préparation, on ne peut employer ni le fer ni le zinc, parce que, en présence de l'acide sulfurique, ils décomposent l'eau et donnent de l'hydrogène, dont la propriété réductrice empêche le gaz sulfureux de se former.

2° **Préparation de la dissolution.** — Pour préparer la dissolution de gaz sulfureux, on chauffe dans un ballon de l'acide sulfurique et du charbon; il se dégage un mélange d'anhydrides carbonique et sulfureux, que l'on fait passer dans une série de flacons renfermant

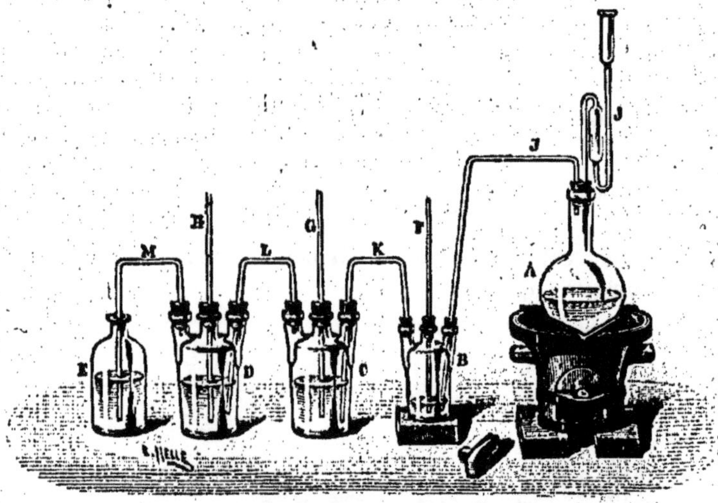

Fig. 43. — Préparation de la dissolution de gaz sulfureux.
Le gaz produit en A, se lave en B, puis se dissout dans l'eau des flacons C, D et E.

de l'eau (fig. 43). Le liquide se sature de gaz sulfureux et retient très peu d'anhydride carbonique, qui est beaucoup moins soluble :

$$2(SO^4H^2) + C = CO^2 + 2SO^2 + 2H^2O.$$

Acide sulfurique.   Carbone.   Anhydride carbonique.   Anhydride sulfureux.   Eau.

3° **Préparations industrielles.** — A) *Combustion du soufre à l'air.* On peut obtenir le gaz sulfureux en brûlant le soufre au contact de l'air, dans des fours spéciaux.

B) *Production par la pyrite.* — La pyrite FeS^2 est très abondante en France, notamment dans le département du Rhône. Beaucoup d'usines grillent ce corps pour préparer le gaz sulfureux destiné à la fabrication de l'acide sulfurique. La réaction est la suivante :

$$2FeS^2 + 11O = Fe^2O^3 + 4SO^2.$$

Pyrite.   Oxygène.   Sesquioxyde de fer.   Anhydride sulfureux.

Si la pyrite est en gros morceaux, l'opération est très facile, car les interstices laissés entre les blocs suffisent pour la circulation de l'air.

Pour griller le sulfure en poudre, on se sert du four *Malétra* (fig. 44). Sur des dalles minces, superposées en croisières, on étend le minerai, qui offre ainsi une grande surface de contact à l'air nécessaire au grillage.

Fig. 44. — Four Malétra.

94. Propriétés physiques.—L'anhydride sulfureux est un gaz incolore, d'une odeur vive et suffocante, provoquant la toux, d'une saveur acide. Sa densité est 2,264. Il est très soluble dans l'eau, qui en dissout 80 fois son volume à 0°, et 50 fois son volume à la température ordinaire.

Liquéfaction. — Le gaz sulfureux se liquéfie à — 10°. Au sortir du ballon (fig. 45), et après s'être desséché en passant sur de l'acide sulfurique concentré, il se rend dans un récipient entouré d'un mélange de sel et de glace, où il se liquéfie.

Le liquide obtenu est incolore; il s'évapore facilement, en produisant un froid assez intense. Dans les laboratoires, on utilise ce froid pour solidifier le mercure, liquéfier le chlore, le cyanogène, le gaz ammoniac; pour fabriquer la glace, etc.

Dans toutes ces applications, il suffit d'entourer d'anhydride liquide le récipient renfermant l'élément à refroidir, et de faire passer dans ce liquide un courant d'air. Le froid obtenu peut aller jusqu'à — 60°.

95. Propriétés chimiques. — Le gaz sulfureux s'oxyde très facilement au contact de l'oxygène, surtout en présence de l'eau, dans laquelle il se dissout en produisant de l'acide sulfureux SO^3H^2; celui-ci fixe ensuite l'oxygène libre, pour se transformer en acide sulfurique SO^4H^2.

Cette réaction explique pourquoi l'eau de pluie renferme de l'acide sulfurique, dans les villes où l'on brûle beaucoup de houille pyriteuse; elle indique aussi la nécessité de faire la dissolution aqueuse du gaz sulfureux avec de l'eau privée d'air, et de la conserver dans des flacons pleins et bien bouchés.

En s'emparant de l'oxygène qui entre dans certaines combinaisons instables, l'anhydride sulfureux exerce sur un grand nombre de composés oxygénés une action réductrice très accusée. (Voir plus loin l'action sur le permanganate de potassium.)

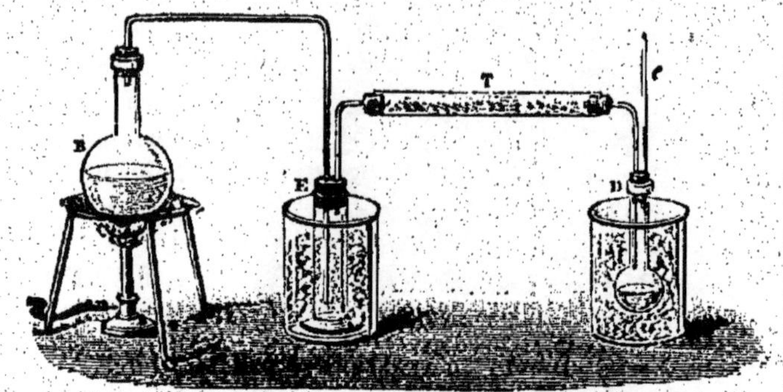

Fig. 45. — Liquéfaction du gaz sulfureux.
Le gaz sulfureux produit en B, se lave en E, se dessèche en T,
et va ensuite se condenser dans le ballon D, entouré d'un mélange réfrigérant.

Action de l'hydrogène. — 1° *A chaud.* Si l'on fait passer dans un tube de porcelaine fortement chauffé un courant d'hydrogène et de gaz sulfureux, l'anhydride sulfureux est réduit; il se forme de la vapeur d'eau et du soufre. La réaction peut s'exprimer comme il suit :

$$SO^2 + 4H = 2H^2O + S.$$

Anhydride   Hydrogène.   Eau.   Soufre.
sulfureux.

2° *A froid.* Si on fait arriver un courant d'anhydride sulfureux dans un appareil producteur d'hydrogène, le dégagement de ce dernier gaz se ralentit d'abord, puis cesse complètement. Il s'échappe alors, par le tube abducteur, de l'hydrogène sulfuré H^2S, reconnaissable, soit à son odeur, soit à son action sur un sel de plomb en dissolution.

Action du chlore. — Un courant de chlore, passant dans une dissolution de gaz sulfureux, y produit de l'acide chlorhydrique HCl, et de l'acide sulfurique SO^4H^2. La réaction peut se représenter par l'équation :

$$SO^3H^2 + 2Cl + H^2O = 2HCl + SO^4H^2.$$

Acide   Chlore.   Eau.   Acide   Acide
sulfureux.   chlorhydrique.   sulfurique.

Action sur l'acide azotique. — Si l'on verse quelques gouttes d'acide azotique concentré dans une éprouvette remplie de gaz sulfureux SO^2, celui-ci se change en acide sulfurique SO^4H^2, et l'on voit se dégager des vapeurs rouges de peroxyde d'azote.

L'acide azotique a donc été réduit. La réaction est la suivante :

$$2AzO^3H + SO^2 = SO^4H^2 + 2AzO^2.$$

Acide	Anhydride	Acide	Peroxyde
azotique.	sulfureux.	sulfurique.	d'azote.

Action sur le permanganate de potassium. — Si l'on fait passer un courant de gaz sulfureux dans une dissolution de permanganate de potassium MnO^4K, qui est rouge foncée, la décoloration est instantanée. Il se forme des sulfates de potassium et de manganèse.

96. Usages. — L'affinité du gaz sulfureux pour l'oxygène a des applications multiples. Grâce à cette propriété, l'anhydride sulfureux peut empêcher les combustions, décolorer un grand nombre de matières colorantes, empêcher les putréfactions, etc. Aussi en dehors de la fabrication de l'acide sulfurique qui absorbe une quantité notable d'anhydride sulfureux, ce gaz est très employé par l'industrie ou la médecine, comme *décolorant*, *désinfectant* et *antiseptique*. On s'en sert pour blanchir la laine, la soie, les plumes, la paille, les baudruches, pour assainir les hôpitaux et autres lieux infectés par des maladies contagieuses, pour empêcher la fermentation du vin dans les tonneaux, pour fabriquer de la glace, etc.

§ II. — ANHYDRIDE SULFURIQUE

Formule : SO^3. Poids moléculaire : 80.

97. Préparations. — On prépare l'anhydride sulfurique de trois manières principales :

1° Par le gaz sulfureux. — On fait passer un courant de gaz sulfureux SO^2, avec un courant d'oxygène sec, dans un tube contenant de la mousse de platine légèrement chauffée. L'oxygène se fixe sur le gaz sulfureux d'après la réaction :

$$SO^2 + O = SO^3.$$

Anhydride	Oxygène.	Anhydride
sulfureux.		sulfurique.

2° Par la décomposition de l'acide de Nordhausen. — L'acide de Nordhausen [1], $S^2O^7H^2$, peut être considéré comme une combinaison de

---

[1] NORDHAUSEN, petite ville de Saxe, où l'acide sulfurique fumant a été préparé en grand pour la première fois.

l'acide sulfurique ordinaire SO^4H^2, avec l'anhydride sulfurique SO^3; combinaison instable, qui se dédouble sous l'influence d'une légère élévation de température. L'acide sulfurique reste dans la cornue chauffée (fig. 46), et l'anhydride sulfurique va se condenser dans un tube refroidi, que l'on ferme ensuite à la lampe. La réaction peut se représenter par l'équation :

$$S^2O^7H^2 = SO^4H^2 + SO^3.$$

Acide de Nordhausen.   Acide sulfurique.   Anhydride sulfurique.

3° Par la décomposition du pyrosulfate de sodium. — Le pyrosulfate de sodium $S^2O^7Na^2$, combinaison de l'anhydride sulfurique SO^3 avec le sulfate neutre de sodium, est décomposé par la chaleur. Il se produit de l'anhydride SO^3, qui est recueilli comme ci-dessus, et du sulfate neutre de sodium SO^4Na^2, qui reste dans le récipient. On a :

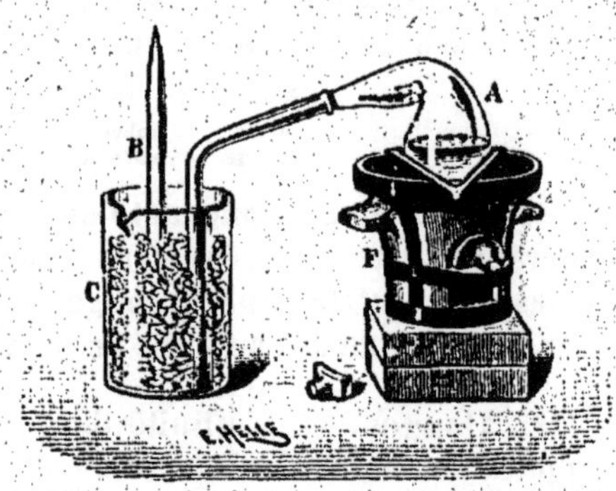

Fig. 46. — Préparation de l'anhydride sulfurique. On chauffe l'acide de Nordhausen, placé dans une cornue A ; les vapeurs sulfuriques qui se dégagent, se condensent dans le tube B, refroidi dans la glace du vase C.

$$S^2O^7Na^2 = SO^4Na^2 + SO^3.$$

Pyrosulfate de sodium.   Sulfate neutre de sodium.   Anhydride sulfurique.

Pour obtenir le pyrosulfate, il suffit de faire réagir l'acide sulfurique SO^4H^2, sur le sulfate neutre de sodium SO^4Na^2, lequel passe à l'état de bisulfate SO^4NaH, et de déshydrater ensuite ce dernier par l'action de la chaleur. Les réactions sont exprimées par les équations suivantes :

$$SO^4H^2 + SO^4Na^2 = 2SO^4NaH.$$

Acide sulfurique.   Sulfate neutre de sodium.   Bisulfate de sodium.

$$2SO^4NaH = S^2O^7Na^2 + H^2O.$$

Bisulfate de sodium.   Pyrosulfate de sodium.   Eau.

La préparation de l'acide nitrique destiné à la fabrication du coton-poudre donne, comme résidu, du bisulfate de sodium SO^4NaH, qui peut être transformé directement en pyrosulfate.

98. Propriétés. — L'anhydride sulfurique se présente cristallisé en aiguilles blanches et soyeuses, dont l'aspect rappelle l'amiante ; il fond à 18°, et se vaporise vers 35°.

En distillant les cristaux fondus, *Weber* a obtenu de l'anhydride pur, qui fond vers 14° et bout seulement à 46°. Sa densité à l'état solide est 1,97, et celle de sa vapeur 2,26.

La propriété caractéristique de SO^3 est sa grande affinité pour l'eau, avec laquelle il produit, lorsque la masse du liquide est assez grande, un bruit analogue à celui qu'occasionnerait un fer rouge plongé dans l'eau. Si, au contraire, on met SO^3 en contact avec une petite quantité d'eau, celle-ci est immédiatement absorbée avec incandescence, et il se forme un mélange qui fait explosion.

Cette affinité pour l'eau explique la production des vapeurs épaisses que répand à l'air l'anhydride sulfurique. Celui-ci se combine avec la vapeur d'eau de l'atmosphère pour former de l'acide sulfurique, lequel, ne pouvant exister à l'état gazeux, à la température ordinaire, retombe sous forme de brouillard épais.

Berthelot a obtenu de l'anhydride persulfurique S^2O^7, en soumettant le mélange d'anhydride sulfurique et d'oxygène à l'influence de l'effluve électrique. L'opération peut être représentée par l'équation :

$$2SO^3 \ + \ O \ = \ S^2O^7.$$

Anhydride Oxygène. Anhydride
sulfurique.   persulfurique.

99. Usages. — L'anhydride sulfurique est un déshydratant très énergique ; il sert à préparer diverses matières colorantes artificielles.

§ III. — ACIDE SULFURIQUE

Formule : SO^4H^2.   Poids moléculaire : 98.

100. État naturel. — L'acide sulfurique existe à l'état libre, en petite quantité, dans les eaux de pluie et dans certaines rivières des régions volcaniques ; mais on le rencontre abondamment dans le sol à l'état de sulfate, surtout de sulfate de calcium hydraté (gypse ou pierre à plâtre).

101. Préparations. — *L'acide sulfurique se prépare en oxydant le gaz sulfureux en présence de l'eau.* Cette opération se fait par l'intermédiaire des composés oxygénés de l'azote ; elle présente deux phases principales :

1° Le gaz sulfureux SO^2, l'oxygène et l'oxyde azotique AzO, se combinent en présence d'une faible quantité d'eau, et forment de grands cristaux blancs de *sulfate de nitrosyle* SO^4HAzO, appelés encore *cristaux des chambres de plomb*. Cette première phase est représentée par l'équation :

$$2SO^2 \ + \ 3O \ + 2AzO \ + H^2O = 2(SO^4.H.AzO) \qquad (1)$$

Anhydride   Oxygène.   Oxyde   Eau.   Sulfate
sulfureux.   azotique.   de nitrosyle.

2° Une nouvelle addition d'eau décompose ce sulfate en acide sulfurique SO^4H^2, et en acide azoteux AzO^3H; on a :

$$SO^4H.AzO + H^2O = SO^4H^2 + AzO^2H \qquad (2)$$

Sulfate   Eau.   Acide   Acide
de nitrosyle.   sulfurique   azoteux.

L'acide azoteux repasse à l'état de sulfate de nitrosyle, sous la double influence du gaz sulfureux et de l'oxygène de l'air :

$$AzO^2H + SO^3 + O = SO^4H.AzO \qquad (3)$$

Acide   Anhydride   Oxygène,   Sulfate
azoteux.   sulfureux.   de nitrosyle.

On peut ainsi réaliser à nouveau la réaction exprimée par l'équation (2).

Pour reproduire l'oxyde azotique qui entre dans la première phase, il suffit de faire réagir sur le sulfate de nitrosyle une notable quantité de gaz sulfureux et de vapeur d'eau; on obtient alors l'équation :

$$2(SO^4.H.AzO) + 2H^2O + SO^2 = 3SO^4H^2 + 2AzO \qquad (4)$$

Sulfate   Eau.   Anhydride   Acide   Oxyde
de nitrosyle.   sulfureux.   sulfurique.   azotique.

La partie principale de l'opération consiste donc dans la fixation de l'oxygène de l'air sur le gaz sulfureux, par l'intermédiaire des composés oxygénés de l'azote, qui se régénèrent constamment.

Mode opératoire dans les laboratoires. — Toutes ces réactions peuvent être réalisées dans les laboratoires à l'aide d'un grand ballon

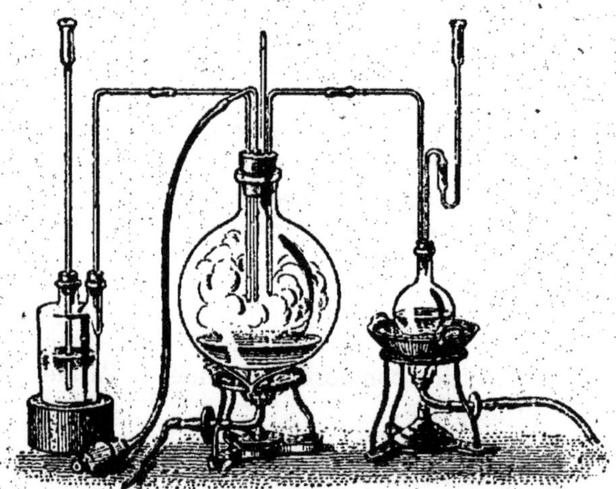

Fig. 47. — Préparation de l'acide sulfurique dans les laboratoires.

contenant un peu d'eau, et dans lequel on fait arriver, au moyen de tubes traversant le bouchon, de l'oxyde azotique, de l'air et du gaz sulfureux (fig. 47).

4*

On constate la présence de l'acide sulfurique dans l'eau du ballon, au moyen d'un sel soluble de baryum qui donne un précipité blanc de sulfate de baryum.

Mode opératoire dans l'industrie. — Dans l'industrie, ces réactions s'opèrent dans une série d'appareils, comprenant (fig. 48) : un *four à pyrite*, la *tour de Glover*, les *chambres de plomb*, la *tour de Gay-Lussac ou condenseur*, une *chaudière* destinée à produire la vapeur, et des *bacs* pour emmagasiner l'acide sulfurique nitreux sortant du condenseur. Cet acide, refoulé dans les récipients placés au sommet de la tour de Glover, rencontre le gaz sulfureux qui le débarrasse de ses produits nitreux.

Four à pyrite. — Le four à pyrite est le four *Malétra*, déjà cité à l'occasion du gaz sulfureux (n° 94).

Tour de Glover. — A leur sortie du *four à pyrite*, les gaz ont une température beaucoup trop élevée pour que les réactions se produisent. Pour refroidir ces gaz, *Glover* eut l'idée de leur faire traverser, de bas en haut, une tour tapissée de feuilles de plomb et remplie de briques siliceuses jusqu'à une certaine hauteur, puis de coke. Les gaz refroidis passent ensuite dans les *chambres de plomb*, par le tube d'échappement placé à la partie supérieure de la tour. Il existe, en haut de la tour, deux réservoirs contenant : l'un, de l'acide sulfurique à 52°, provenant des chambres à réactions ; l'autre, de l'acide sulfurique nitreux sortant de la *tour de Gay-Lussac*. Ces acides, mélangés et froids, descendent à travers le coke et les blocs siliceux, rencontrent les gaz chauds qu'ils refroidissent jusqu'à 70°, leur cèdent des produits nitreux et de l'eau, et acquièrent par ce fait une concentration voisine de 60°B.

Avantages de la tour de Glover. — La tour de Glover produit quatre effets avantageux :
1° Le refroidissement des gaz venant des fours à pyrite. 2° La dénitrification de l'acide sulfurique impur et, par suite, l'enrichissement des gaz en produits nitreux. 3° La concentration de l'acide brut. 4° La diminution de la quantité de vapeur à fournir aux chambres de plomb par la chaudière.

Tour de Gay-Lussac. — Ayant remarqué que les vapeurs nitreuses sont absorbées facilement par l'acide sulfurique, Gay-Lussac a imaginé le *condenseur* qui porte son nom. C'est une tour, de 10 à 15 mètres de haut, de 2 à 3 mètres de diamètre, revêtue intérieurement de plomb et remplie de coke arrosé par une pluie fine d'acide sulfurique concentré à 62° Baumé. Les gaz venant des chambres de plomb arrivent à la partie inférieure, et montent dans la tour où ils abandonnent leurs vapeurs nitreuses à l'acide sulfurique qui circule en sens inverse ; ces gaz, absolument décolorés, s'échappent par la cheminée. Quant à l'acide, il est recueilli au bas de la tour dans un récipient spécial, le *bac à acide nitreux*, d'où il repasse dans une cuve placée au-dessus de la tour de *Glover*.

Chambres de plomb. — Les chambres de plomb, généralement au nombre de trois, sont de vastes parallélépipèdes rectangles, formés de larges feuilles de plomb, de 3^{mm} d'épaisseur, soudées entre elles au chalumeau et protégées à l'extérieur par une forte charpente. Ces chambres reposent chacune sur une cuvette en plomb dans laquelle s'accumule l'acide sulfurique condensé, formant ainsi un joint hydraulique ; leur capacité varie avec la quantité de soufre traité par jour ; elle atteint généralement 1000^{mc} pour les deux premières, et 500^{ue}, pour la dernière, que les gaz traversent avant de se rendre à la tour de *Gay-Lussac*. En général, on estime qu'il faut 2me par kg de soufre traité en vingt-quatre heures.

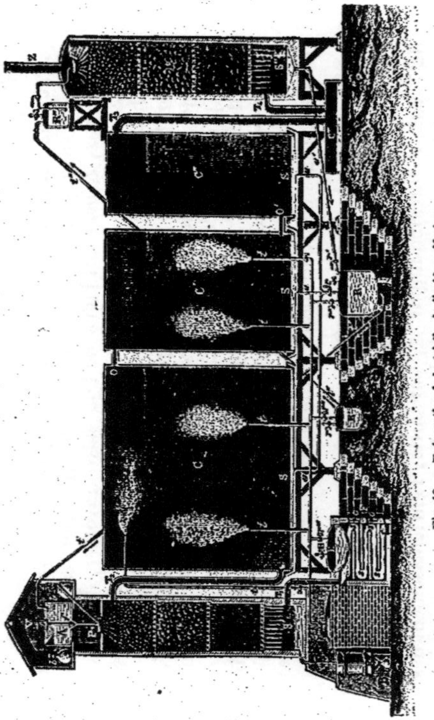

Fig. 48. — Préparation industrielle de l'acide sulfurique.

Le gaz sulfureux sort du four Malétra, par le tube T_1; il se charge de produits nitreux en traversant de bas en haut la tour de Glover; passe, par le tube T_2, dans les chambres C, C' et C'', dont les deux premières reçoivent les jets de vapeurs fournis par la chaudière H. De C'', les gaz non transformés se rendent dans la cheminée, en traversant de bas en haut la tour de Gay-Lussac, où ils abandonnent la majeure partie des produits nitreux entraînés. L'acide, condensé en S, est recueilli dans des récipients R et R'; d'où on l'envoie, à l'aide d'une pression de vapeur d'eau ou d'air comprimé, dans les récipients A et R'', par les tubes t' et t''.

Les chambres, refroidies par l'air extérieur, communiquent entre elles par de gros tuyaux de plomb.

Réactions qui se passent dans les chambres de plomb. — Le gaz sulfureux sortant de la tour de *Glover* et entraînant avec lui l'oxygène de l'air et des produits nitreux se précipite dans la première chambre, où arrivent des jets de vapeur qui brassent les gaz et leur fournissent l'eau nécessaire pour la formation du *sulfate acide de nitrosyle*, dont le dédoublement commence déjà à se produire au voisinage des parois froides. Aussi, de l'acide sulfurique ruisselle le long des feuilles de plomb de ce premier compartiment, et se réunit dans la cuvette inférieure. Le dédoublement du sulfate de nitrosyle se continue dans le tube de communication, qui livre passage aux produits non condensés; s'achève dans la seconde chambre sous l'influence de nouveaux jets de vapeurs, et la condensation de l'acide sulfurique y devient plus abondante.

Les réactions et la condensation des produits se terminent dans la troisième chambre, qui ne reçoit plus de jets de vapeurs.

Concentration. — La concentration amène à 66° Baumé l'acide qui marque 52° B en sortant des chambres de plomb. Ce travail s'opère déjà partiellement dans la *tour de Glover*, où le liquide se concentre jusqu'à 62°, et il s'achève dans des

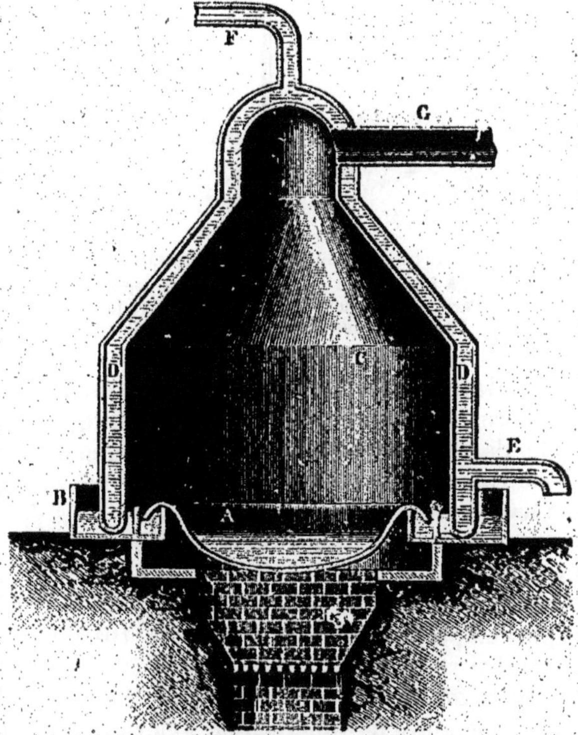

Fig. 49. — Concentration de l'acide sulfurique
dans les appareils Kessler.

appareils du *système Kessler* (fig. 49). Ces appareils se composent d'une cuvette A, en platine ou en grès, dont le bord supérieur présente une rigole en forme d'U, dans laquelle s'engage l'extrémité inférieure d'une espèce de hotte en plomb C, formant couvercle. Une circulation d'eau D refroidit ce couvercle, et favorise ainsi la condensation des vapeurs qui se produisent pendant la concentration. Cette eau s'écoule par le tube E.

Purification. — Les principales impuretés contenues dans l'acide sulfurique ainsi obtenu, sont : le sulfate de plomb, des produits azotés, du fer, du sélénium, des acides arsénieux et arsénique.

Un courant d'hydrogène sulfuré précipite le plomb et l'arsenic; on élimine les composés nitreux avec le sulfate d'ammonium; enfin, on achève la purification en distillant le liquide. Comme l'acide sulfurique ne bout que par soubresauts, il est nécessaire, si l'on veut éviter de casser la cornue pendant la distillation, d'introduire dans le liquide des fragments de porcelaine ou quelques fils de platine, et de chauffer avec une grille annulaire (fig. 50).

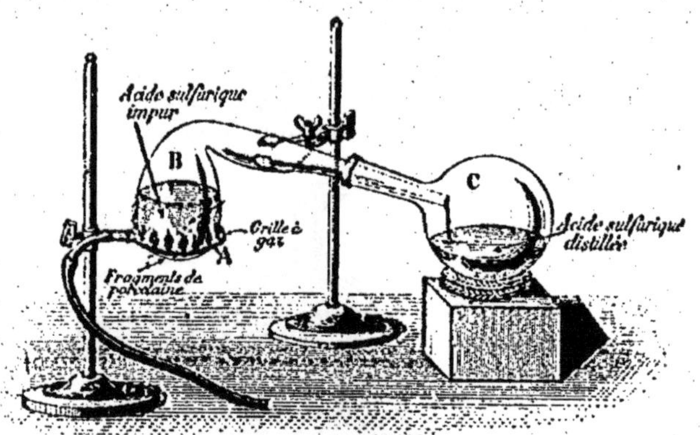

Fig. 50. — Distillation de l'acide sulfurique.

On chauffe la cornue B, à l'aide d'une grille annulaire, et l'on introduit quelques fragments de porcelaine dans l'acide sulfurique impur, afin de rendre la distillation plus régulière. Les vapeurs se condensent dans le ballon C.

102. Propriétés physiques. — L'acide sulfurique pur est un liquide incolore, d'une consistance oléagineuse, inodore, d'une saveur acide. Sa densité est 1,84 à 0°, et il marque 66° à l'aréomètre Baumé. Il se congèle à —34° et bout à 338°; mais l'acide qui distille à cette température renferme encore à peu près $\frac{1}{12}$ d'eau. Pour se procurer de l'acide sulfurique absolument pur, on a recours à plusieurs congélations successives, et on enlève chaque fois le liquide restant. On obtient ainsi un produit solide, dont le point de fusion s'élève de plus en plus et finit par atteindre + 10°, tandis que le point d'ébullition s'abaisse progressivement jusqu'à 290°. En faisant bouillir ce liquide appelé *acide sulfurique normal*, il perd un peu d'anhydride, et sa température de vaporisation s'élève progressivement jusqu'à 338°.

103. Propriétés chimiques. — **Action des métalloïdes.** — Les métalloïdes de la famille du chlore n'ont pas d'action sur l'acide sulfurique. Mais les réducteurs comme le soufre, le carbone, l'hydrogène, etc., le décomposent, en donnant naissance à des produits variés.

Action du soufre. — Le *soufre* décompose à chaud l'acide sulfurique, il se produit du gaz sulfureux et de l'eau :

$$2SO^4H^2 + S = 3SO^2 + 2H^2O \qquad (1)$$

Acide   Soufre.   Anhydride   Eau.
sulfurique.   sulfureux.

C'est ainsi que l'on prépare le gaz sulfureux destiné à être liquéfié.

Action du carbone. — En remplaçant le *soufre* par le *carbone*, dans le premier membre de l'équation (1), on obtient la réaction suivante :

$$2SO^4H^2 + C = 2SO^2 + CO^2 + 2H^2O.$$

Acide   Carbone.   Anhydride   Anhydride   Eau.
sulfurique.   sulfureux.   carbonique.

Action du phosphore. — Le phosphore décompose l'acide sulfurique en lui enlevant une partie de son oxygène.

Action de l'hydrogène. — L'action de l'hydrogène varie avec les conditions dans lesquelles on opère.

Si l'*acide* est en excès, il se produit du gaz sulfureux et de l'eau :

$$SO^4H^2 + H^2 = SO^2 + 2H^2O.$$

Acide   Hydrogène.   Anhydride   Eau.
sulfurique.   sulfureux.

Si, au contraire, l'*hydrogène* est en excès, on obtient, *au-dessus* de 100°, de l'eau et du soufre :

$$SO^4H^2 + 3H^2 = 4H^2O + S.$$

Acide   Hydrogène.   Eau.   Soufre.
sulfurique.

et *au-dessous* de 100°, de l'eau et de l'hydrogène sulfuré H²S :

$$SO^4H^2 + 4H^2 = 4H^2O + H^2S.$$

Acide   Hydrogène.   Eau.   Acide
sulfurique.   sulfhydrique.

Action de l'eau. — L'acide sulfurique peut absorber jusqu'à quinze fois son poids de vapeur d'eau ; cette propriété est utilisée pour dessécher les gaz et hâter l'évaporation des dissolutions salines.

Le mélange d'acide sulfurique et d'eau produit un dégagement de chaleur pouvant dépasser 100° ; aussi, pour mêler ces liquides, on verse *l'acide dans l'eau*, et non *l'eau dans l'acide;* et, pendant l'opération, on agite constamment la masse liquide.

Le mélange de *glace* et *d'acide sulfurique* donne, suivant la proportion de ces corps, une élévation ou un abaissement de température. Avec 4 parties de glace pour 1 partie d'acide, on obtient un froid qui peut descendre à —20° ; avec les proportions inverses, il se produit un dégagement de chaleur pouvant atteindre 100°. L'abaissement de température constaté dans le premier cas, est dû à ce fait, que le nombre de calories résultant de la combinaison des deux corps est inférieur au nombre de calories nécessaires pour la fusion de la glace.

Action des métaux. — L'or est sans action sur l'acide sulfurique. L'argent, le mercure et le cuivre n'agissent que sur l'acide concentré ; il se forme du gaz sulfureux et un sulfate du métal qui entre en réaction.

Le fer, le zinc et les autres métaux qui décomposent l'eau à froid en présence des acides donnent, avec l'acide sulfurique, des réactions variant avec l'état de concentration du liquide. Avec l'acide *étendu*, on obtient un *sulfate* et de l'*hydrogène;* si l'acide est concentré, on a encore un sulfate ; mais l'hydrogène produit, au lieu de se dégager, réagit sur l'acide sulfurique libre, avec lequel il donne, suivant la température, du *soufre* ou de l'*hydrogène sulfuré* H^2S.

104. Usages. — Les usages de l'acide sulfurique sont si nombreux, qu'on a pu calculer la richesse industrielle d'une contrée par la quantité de ce corps qui s'y consomme. Il s'emploie pour préparer la plupart des acides soit minéraux, soit organiques : acides chlorhydrique, azotique, phosphorique, borique, acétique, citrique, tartrique, etc. ; pour la préparation de l'hydrogène, du chlore, du phosphore, des eaux gazeuses, des sulfates de fer, de cuivre, de zinc, de potassium, de sodium, etc. ; pour la fabrication des bougies, des savons, des substances explosives et des matières colorantes.

Le traitement des huiles de schiste, la transformation des phosphates en superphosphates, la saccharification des grains, etc., en consomment des quantités notables.

Cet acide intervient également dans le décapage et l'affinage des métaux précieux, dans la préparation du papier parcheminé, le nettoyage des fûts, le tannage des peaux, la saturation du jus de betteraves, etc.

On s'en sert dans les laboratoires pour dessécher les gaz.

§ IV. — ACIDE SULFURIQUE FUMANT, DIT DE NORDHAUSEN

Formule : $S^2O^7H^2$. Poids moléculaire : 178.

105. Préparations. — **1° Procédé de Bohême.** — *L'acide sulfurique fumant* $S^2O^7H^2$, appelé encore acide *disulfurique*, peut être regardé comme un mélange d'anhydride sulfurique SO^3, et d'acide sulfurique ordinaire SO^4H^2.

Dans les environs de Prague, on prépare cet acide en exposant des schistes pyriteux à l'action de l'air, qui les transforme lentement en sulfate ferrique $(SO^4)^3Fe^2$, mélangé de sulfate ferreux SO^4Fe ; le grillage active la réaction. Comme le sulfate obtenu est soluble dans l'eau, on le sépare par simple lavage, et on évapore la dissolution à siccité en présence d'un courant d'air, qui oxyde les parties de sulfate ferreux non encore transformées. Le sel ferrique est ensuite introduit dans des cornues en grès, rangées sur deux lignes, dans un fourneau de galère. Chaque cornue communique avec une autre semblable (fig. 51), placée à l'extérieur, et contenant de l'acide sulfurique. L'anhydride sulfurique se dégage et va se condenser dans les récipients extérieurs, pour former le composé $S^2O^7H^2$, acide disulfurique.

On a les réactions suivantes :

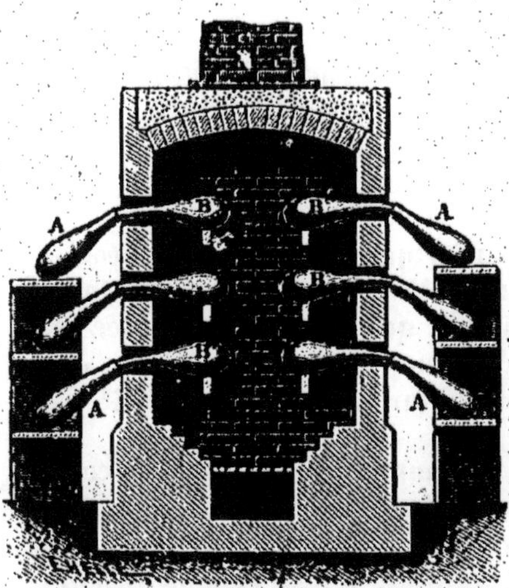

Fig. 51. — Préparation de l'acide de Nordhausen. On introduit dans les vases B, placés dans un fourneau de galère, soit du sulfate ferrique, soit du sulfate acide de sodium; l'anhydride sulfurique, chassé par la chaleur, va se condenser dans des récipients A contenant un peu d'acide sulfurique.

$$2(SO^4Fe) = Fe^2O^3 + SO^3 + SO^2$$

Sulfate ferreux.   Sesquioxyde de fer.   Anhydride sulfurique.   Anhydride sulfureux.

et

$$(SO^4)^3Fe^2 = Fe^2O^3 + 3SO^3.$$

Sulfate ferrique.   Sesquioxyde de fer.   Anhydride sulfurique.

$$SO^4H^2 + SO^3 = S^2O^7H^2.$$

Acide sulfurique.   Anhydride sulfurique.   Acide disulfurique

2° Préparation par le bisulfate de sodium. — On peut préparer l'anhydride sulfurique en partant du sulfate acide de sodium SO⁴NaH, qu'on transforme, par la chaleur, en pyrosulfate S²O⁷Na². Ce même procédé est utilisable pour obtenir l'acide de *Nordhausen*, S²O⁷H²; le résidu est du sulfate neutre de sodium SO⁴Na².

$$S^2O^7Na^2 = SO^4Na^2 + SO^3.$$

Pyrosulfate   Sulfate neutre   Anhydride
de sodium.   de sodium.   sulfurique.

3° Procédés allemands. — Les Allemands préparent l'*acide fumant* par des procédés tenus encore secrets, mais dont le principe consiste à *faire passer les gaz des fours à pyrites dans de la ponce platinée.*

106. Propriétés. — L'acide disulfurique est un liquide oléagineux, légèrement coloré, répandant à l'air d'abondantes fumées, dues aux vapeurs d'anhydride sulfurique qui se combinent avec la vapeur d'eau de l'atmosphère. Il se décompose, par la chaleur, en anhydride sulfurique SO³, et en acide sulfurique ordinaire SO⁴H².

107. Usages. — L'acide fumant est employé pour dissoudre certaines matières colorantes comme l'*alizarine*, substance rouge; l'*indigo*, matière bleue, etc. La dissolution acide de cette dernière substance est le *sulfate d'indigo*, qui est utilisé comme réactif dans les laboratoires. L'indigo forme avec l'acide de Nordhausen deux corps différents : l'acide sulfo-purpurique et l'acide sulfo-indigotique, solubles dans l'eau et employés en peinture sous la dénomination de *bleu de Saxe.*

§ V. — HYDROGÈNE SULFURÉ OU ACIDE SULFHYDRIQUE

Formule : H²S. Poids moléculaire : 34.

108. État naturel. — L'hydrogène sulfuré est très répandu dans la nature. On le trouve surtout dans les eaux thermales sulfureuses, les dégagements volcaniques, les émanations des fosses d'aisances et, en général, dans tous les endroits où il se produit une décomposition de matières organiques contenant du soufre.

109. Préparation. — L'hydrogène sulfuré s'obtient par l'action de l'acide sulfurique ou de l'acide chlorhydrique, sur un sulfure métallique. La réaction est exprimée par l'une des équations suivantes :

a) avec le sulfure de fer :

$$FeS + SO^4H^2 = SO^4Fe + H^2S$$

Sulfure de fer.   Acide sulfurique.   Sulfate ferreux.   Acide sulfhydrique.

$$FeS + 2HCl = FeCl^2 + H^2S,$$

Sulfure de fer.   Acide chlorhydrique.   Chlorure ferreux.   Acide sulfhydrique.

b) avec le sulfure d'antimoine :

$$Sb^2S^3 + 6HCl = 2SbCl^3 + 3H^2S,$$

Sulfure d'antimoine.   Acide chlorhydrique.   Chlorure d'antimoine.   Acide sulfhydrique.

Mode opératoire avec le sulfure de fer. — Le sulfure de fer, obtenu par combinaison directe de la fleur de soufre avec la limaille de fer, est introduit dans un appareil identique à celui qui sert pour la préparation de l'hydrogène. Le gaz qui se dégage est recueilli sur la cuve à mercure ou sur l'eau salée ; il est mélangé d'une certaine quantité d'hydrogène provenant d'un peu de fer libre contenu dans le sulfure.

Avec le sulfure d'antimoine. — Le sulfure d'antimoine étant cris-

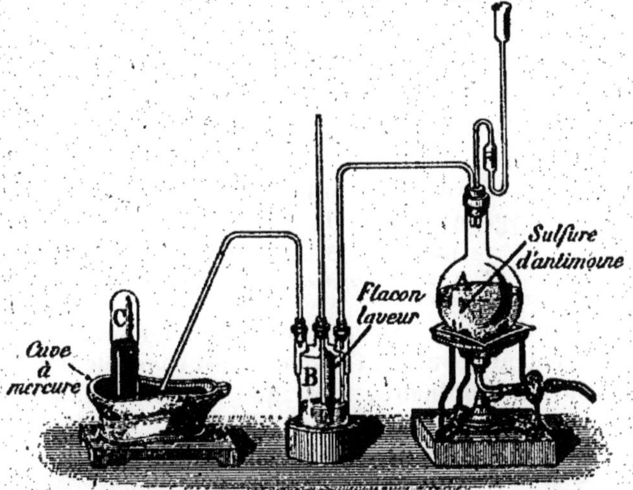

Fig. 52. — Préparation du gaz sulfhydrique par le sulfure d'antimoine.

tallisé, est un corps pur ; si on le chauffe avec de l'acide chlorhydrique, dans un ballon muni d'un tube abducteur et d'un tube de sûreté (fig. 52), il se dégage de l'hydrogène sulfuré pur. Le gaz est recueilli comme ci-dessus.

Dans ces deux préparations il y a toujours un peu d'acide chlorhydrique entraîné ; mais, pour retenir cet acide, il suffit de faire barboter le gaz dans une petite quantité d'eau. Après quoi on le dessèche, en le faisant passer dans un tube renfermant du chlorure de calcium.

Dissolution. — Pour avoir une dissolution d'acide sulfhydrique, il suffit de faire dégager ce gaz dans une série de flacons remplis d'eau privée d'air par ébullition.

110. Propriétés physiques. — *L'hydrogène sulfuré* est un gaz incolore, d'une odeur fétide rappelant celle des œufs pourris, d'où son nom primitif de *gaz puant*. Sa densité est 1,19; il est assez soluble dans l'eau, qui en dissout quatre fois son volume à 0°, et trois fois à 15°. Il est beaucoup plus soluble dans l'alcool. Soumis à une pression de 17 atmosphères, ce gaz se transforme à la température de 15° en un liquide incolore, se solidifiant à — 85°.

111. Propriétés chimiques. — *L'hydrogène sulfuré* est décomposé en ses éléments à la température du rouge.

Action des métalloïdes. — Le gaz sulfhydrique enflammé, au contact de l'air ou de l'oxygène, brûle avec une flamme bleue, en produisant de l'eau et du gaz sulfureux :

$$H^2S \ + \ 3O \ = \ H^2O + \ SO^2.$$

Acide   Oxygène.   Eau.   Anhydride
sulfhydrique.   sulfureux.

Si l'oxygène n'arrive pas en quantité suffisante, on a de l'eau et un dépôt de soufre.

La dissolution d'hydrogène sulfuré se décompose à la longue en présence de l'oxygène de l'air. On a :

$$H^2S \ + \ O \ = \ H^2O + \ S,$$

Acide   Oxygène.   Eau.   Soufre.
sulfhydrique.

il se forme de l'eau et un dépôt de soufre. En présence des corps poreux légèrement chauffés, l'oxydation est complète. On obtient de l'acide sulfurique ordinaire, ainsi que le montre la réaction suivante :

$$H^2S \ + \ O^4 \ = \ SO^4H^2.$$

Acide   Oxygène.   Acide
sulfhydrique.   sulfurique.

C'est ce qui explique l'altération rapide des rideaux dans les établissements d'eaux thermales sulfureuses.

Le chlore, le brome et l'iode décomposent instantanément l'acide sulfhydrique H^2S, en s'emparant de son hydrogène pour former les hydracides correspondants : HCl, HBr et HI. Le soufre se dépose.

$$H^2S \ + \ 2Cl \ = \ 2HCl \ + \ S.$$

Acide   Chlore.   Acide   Soufre.
sulfhydrique.   chorhydrique.

Cette réaction justifie l'emploi du chlore comme désinfectant.

Action des métaux. — A l'exception de l'or, du platine et de l'aluminium, tous les métaux décomposent l'hydrogène sulfuré, à une température plus ou moins élevée; ils se combinent avec le soufre et mettent l'hydrogène en liberté.

En présence de l'acide sulfhydrique, *l'argent* humide et le *cuivre* se recouvrent, même à la température ordinaire, d'une couche noire de sulfure d'argent ou de sulfure de cuivre.

Action sur les composés oxygénés. — L'hydrogène sulfuré a des propriétés réductrices notables; aussi la plupart des oxydants le décomposent, en donnant naissance à de l'eau et à un dépôt de soufre :

$$2AzO^3H + H^2S = 2AzO^3 + 2H^2O + S \qquad (1)$$

Acide   Acide   Peroxyde   Eau. Soufre.
azotique. sulfhydrique. d'azote.

Le gaz sulfureux, réducteur assez énergique, est réduit à son tour par l'hydrogène sulfuré :

$$2H^2S + SO^2 = 2H^2O + 3S,$$

Acide   Gaz   Eau.   Soufre.
sulfhydrique. sulfureux.

L'acide sulfurique concentré, lui-même, n'échappe pas à cette réduction par H^2S :

$$SO^4H^2 + 3H^2S = 4H^2O + 4S.$$

Acide   Acide   Eau.   Soufre.
sulfurique. sulfhydrique.

Action des sels. — L'hydrogène sulfuré décompose les dissolutions salines dont le métal peut former avec le soufre un sulfure insoluble. La couleur de ce sulfure est souvent une indication précieuse en analyse.

Action de l'hydrogène sulfuré sur l'organisme. — L'hydrogène sulfuré est un corps très toxique. Respiré, même en petite quantité, il peut donner lieu à des malaises; respiré en grande quantité, il peut amener rapidement la mort. Les vidangeurs doivent prendre de grandes précautions pour ne pas être victimes de ces accidents; ils désignent le gaz qui se dégage des fosses d'aisances sous le nom de *plomb*.

En cas d'empoisonnement par l'hydrogène sulfuré, il faut recourir à la respiration artificielle avec de l'oxygène pur ou avec de l'air mélangé d'un peu de chlore.

L'empoisonnement peut se produire dans les laboratoires, car ce gaz provoque la paralysie du nerf olfactif, ce qui empêche ensuite d'en percevoir l'odeur.

112. Usages. — L'acide sulfhydrique est très employé en chimie analytique, soit à l'état gazeux, soit à l'état dissous.

CHAPITRE X

COMPOSÉS OXYGÉNÉS DE L'AZOTE
LOIS DE DALTON ET DE RICHTER

§ 1. — LES AZOTATES DE POTASSIUM ET DE SODIUM

113. Azotate de potassium, AzO^3K. — L'*azotate de potassium* est très abondant dans les Indes et en Égypte, où il forme des efflorescences à la surface du sol. Ce sel se produit sur les murs des endroits humides : caves, écuries, etc., en un mot, partout où se trouvent à la fois du carbonate de potassium et des matières animales azotées en décomposition.

On extrayait autrefois l'azotate de potassium des vieux plâtras, en les soumettant à des lavages méthodiques et en évaporant les eaux de lavage.

Aujourd'hui l'azotate de potassium s'obtient par double décomposition, en faisant réagir le chlorure de potassium sur l'azotate de sodium ou salpêtre du Pérou.

Propriétés. — L'azotate de potassium, appelé aussi *sel de nitre* ou *salpêtre*, est un sel blanc, anhydre, d'une saveur piquante, très soluble dans l'eau.

Il abandonne facilement son oxygène, ce qui en fait un oxydant énergique. Projeté sur des charbons ardents, le salpêtre en active la combustion. Des fragments de soufre, projetés dans l'azotate de potassium en fusion, s'enflamment et brûlent avec une flamme éblouissante.

Usages. — L'azotate de potassium est employé surtout dans la fabrication de la poudre et pour la préparation de l'acide azotique.

La **poudre** est un mélange intime d'azotate de potassium, de soufre et de charbon. Les proportions de ces corps varient avec les diverses espèces de poudre. Les produits de la combustion sont donnés par l'équation :

$$3C \ + \ S \ + 2AzO^3K = 3CO^2 \ + 2Az \ + \ K^2S.$$

Carbone.   Soufre.   Azotate   Anhydride   Azote.   Sulfure
de potassium.   carbonique.   de potassium.

Le mélange, réduit en poudre très fine et placé dans des mortiers, est soumis à l'action de pilons en bois, pendant quatorze heures; on l'arrose de temps en temps avec de l'eau pour prévenir l'inflammation. On fait ensuite passer la pâte à travers un crible appelé *guillaume*, qui détermine la grosseur des grains; la poudre est enfin portée à l'étuve pour être séchée.

114. Azotate de sodium, AzO^3Na. — L'*azotate de sodium* est un produit naturel très répandu; on le rencontre particulièrement au Pérou et au Chili, où il forme des gisements considérables. Ce sel a beaucoup de ressemblance avec le salpêtre; mais comme il est hygrométrique, il ne pourrait pas se substituer à l'azotate de potassium dans la fabrication de la poudre. L'industrie transforme donc la majeure partie de l'azotate de sodium naturel en azotate de potassium, par l'action du chlorure de potassium. La réaction est la suivante :

$$AzO^3Na \ + \ KCl \ = \ AzO^3K \ + \ NaCl.$$

Azotate   Chlorure   Azotate   Chlorure
de sodium.   de potassium.   de potassium.   de sodium.

§ II. — ACIDE AZOTIQUE OU ACIDE NITRIQUE

Formule : AzO^3H. Poids moléculaire : 62.

115. État naturel. — L'acide azotique se rencontre, à l'état d'azotate de sodium, au Pérou et au Chili. On trouve des azotates de potassium et de sodium à la surface du sol dans les pays chauds, sur les murs humides des caves et des écuries. L'eau des pluies d'orage contient aussi des traces d'azotate d'ammonium.

116. Préparation. — Pour préparer l'acide azotique, on décompose, soit l'azotate de sodium, soit l'azotate de potassium, par l'acide sulfurique sous l'influence de la chaleur. Les réactions peuvent se formuler de la manière suivante :

$$AzO^3Na + SO^4H^2 = SO^4NaH + AzO^3H$$

Azotate   Acide   Bisulfate   Acide
de sodium.   sulfurique.   de sodium.   azotique.

$$AzO^3K + SO^4H^2 = SO^4KH + AzO^3H.$$

Azotate   Acide   Bisulfate   Acide
de potassium. sulfurique. de potassium. azotique.

Cette dernière réaction donne l'acide le plus pur.

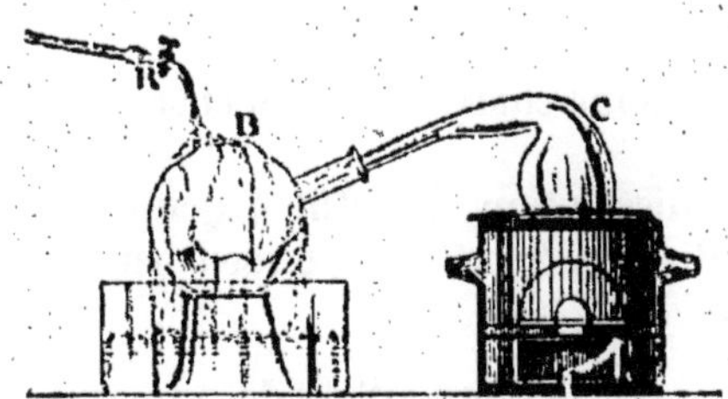

Fig. 53. — Préparation de l'acide azotique dans les laboratoires.

On chauffe, en C, un mélange d'azotate de potassium et d'acide sulfurique; l'acide azotique déplacé se condense en B.

Mode opératoire. — On introduit l'acide sulfurique, avec l'un ou l'autre de ces azotates, dans une cornue qui communique avec un ballon refroidi, où les vapeurs d'acide azotique vont se condenser (fig. 53), et on chauffe modérément. Le commencement et la fin de l'opération sont caractérisés par l'apparition de vapeurs rutilantes dues à la décomposition de l'acide azotique, au début, par un excès d'acide sulfurique, à la fin par l'élévation de la température.

Préparation industrielle. — Dans l'industrie, on prépare l'acide azotique avec l'azotate de sodium, qui a le double avantage de coûter moins cher et de fournir à poids égal plus d'acide que l'azotate de potassium.

Le mélange de sel de sodium avec l'acide sulfurique est chauffé dans des cylindres en fonte, dont la partie supérieure est protégée intérieurement, contre l'attaque corrosive, par un revêtement en briques réfractaires. Les vapeurs d'acide azotique qui se produisent vont se condenser dans une série de vases, disposés en étagères; puis dans l'eau qui coule à la partie supérieure d'une tour remplie de coke, que les gaz non condensés traversent de bas en haut, pour se rendre dans la cheminée (fig. 54). Par suite de cette disposition, les vapeurs

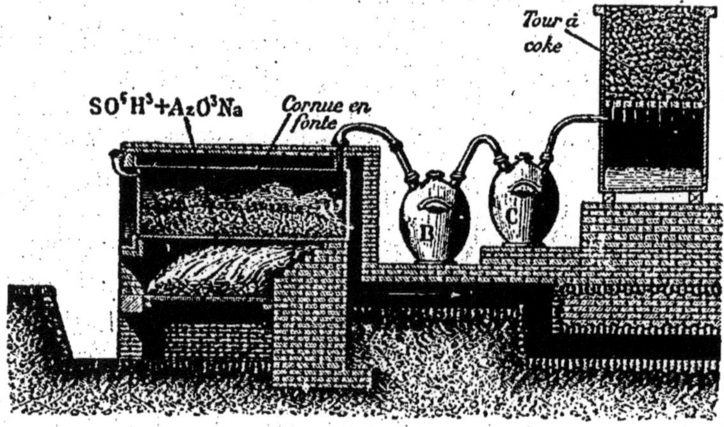

Fig. 54. — Préparation industrielle de l'acide azotique.

barbotent dans de l'eau de moins en moins chargée d'acide, et la condensation finit par être complète.

Pour retirer l'acide azotique de la dissolution, il suffit d'ajouter à celle-ci de l'acide sulfurique, et de distiller le mélange, en se bornant à recueillir le quart du volume total.

Purification. — Ainsi préparé, l'acide azotique contient des vapeurs rutilantes, de l'acide chlorhydrique provenant de l'action de l'acide sulfurique sur les chlorures alcalins mélangés aux azotates; enfin un peu d'acide sulfurique entraîné mécaniquement.

On chasse les vapeurs rutilantes à l'aide d'un courant de gaz carbonique, qui traverse l'acide azotique légèrement chauffé.

On enlève les acides chlorhydrique et sulfurique, en distillant le liquide additionné d'azotate de plomb, qui précipite ces acides à l'état de chlorure et de sulfate de plomb insolubles.

117. Propriétés physiques. — L'acide azotique pur est un liquide incolore, fumant à l'air, d'une odeur intense, de densité 1,52.

Il bout à 86°, et cristallise à —49°.

Dans la distillation, les vapeurs commencent à se produire à 86°; mais peu à peu la température d'ébullition s'élève, pour ne rester stationnaire qu'à 123°. Le liquide qui passe alors est de l'acide *quadrihydraté*, renfermant 30 °/₀ d'eau, et ayant une composition se rapprochant de la formule $2(AzO^3H) + 3H^2O$. Ce produit, plus stable que l'acide pur, est appelé *acide ordinaire;* sa densité est 1,42; il est coloré en jaune par des traces de peroxyde d'azote AzO^2.

118. Propriétés chimiques. — L'acide azotique pur est décomposé par la chaleur et la lumière, en eau, oxygène et peroxyde d'azote; cette décomposition est révélée par la coloration jaune du liquide. C'est un oxydant très énergique, attaqué facilement par tous les corps réducteurs.

Action des métalloïdes. — Parmi les métalloïdes, l'oxygène, le chlore, le brome et l'azote sont les seuls qui n'agissent pas sur lui.

L'*hydrogène* donne avec cet acide des réactions variant avec les circonstances. Ainsi un courant de ce gaz passant, avec des vapeurs d'acide azotique, dans un tube chauffé au rouge, donne de l'eau et de l'azote :

$$AzO^3H + 5H = 3H^2O + Az.$$

Acide   Hydrogène.   Eau.   Azote.
azotique.

Si l'hydrogène *naissant* agit sur l'acide nitrique, on obtient de l'eau et de l'ammoniaque :

$$AzO^3H + 8H = 3H^2O + AzH^3,$$

Acide   Hydrogène.   Eau.   Gaz
azotique.   ammoniac.

Cette même réaction se produit quand on fait passer le mélange, d'hydrogène et de vapeurs d'acide azotique, sur la mousse de platine légèrement chauffée.

Tous les autres métalloïdes décomposent l'acide azotique, en s'emparant d'une fraction de son oxygène pour former des acides. Avec le phosphore, la réaction est très vive.

Action des métaux. — Les métaux, à l'exception de l'*or* et du *platine*, décomposent l'acide azotique en s'emparant de l'oxygène pour former des oxydes, qui s'unissent ensuite à l'acide *non décomposé*, pour donner des azotates.

Toutefois, avec l'*étain* et l'*antimoine*, l'action de l'acide se limite à la formation d'oxydes insolubles.

Avec le *potassium* et le *sodium*, la réduction de l'acide azotique fumant s'opère avec explosion.

Le fer, attaqué *très vivement* par l'acide *ordinaire*, avec lequel il forme des vapeurs rutilantes et de l'azotate ferrique, est rendu *passif* par l'acide *fumant*. On admet que, dans ce cas, il s'est produit du bioxyde d'azote qui forme à la surface du métal un enduit adhérent, protégeant le fer contre l'action de l'acide ordinaire. Si l'on modifie d'une façon quelconque la surface du métal rendu passif, soit en la grattant avec une tige de cuivre, soit en mettant le tout (fer et vase contenant le liquide) sous le récipient de la machine pneumatique, l'attaque se reproduit très énergiquement.

Dans les laboratoires, on utilise l'action du *cuivre* ou du *mercure* sur l'*acide ordinaire* pour préparer l'oxyde azotique, AzO. Avec l'acide fumant l'action est moins vive.

Action des composés réducteurs. — Les composés réducteurs s'oxydent au contact de l'acide azotique : l'anhydride sulfureux est transformé en acide sulfurique, les sels ferreux en sels ferriques, etc.

Si, par exemple, on verse quelques gouttes d'acide azotique concentré, dans un flacon plein de gaz sulfureux, on voit apparaître des vapeurs rutilantes, dues à la présence du peroxyde d'azote. La réaction est la suivante :

$$SO^2 + 2AzO^3H = SO^4H^2 + 2AzO^2.$$

Gaz   Acide   Acide   Peroxyde
sulfureux. azotique. sulfurique. d'azote.

La présence de l'acide sulfurique dans le flacon se reconnaît en y versant quelques gouttes de chlorure de baryum dissous $BaCl^2$. Il se forme un précipité blanc de sulfate de baryum insoluble.

Si l'on remplace dans le flacon le gaz sulfureux par l'acide sulfhydrique, la réaction devient :

$$H^2S + 2AzO^3H = 2AzO^2 + S + 2H^2O.$$

Acide   Acide   Peroxyde Soufre. Eau.
sulfhydrique. azotique. d'azote.

Avec la cellulose, l'acide azotique forme des éthers dont la composition varie avec les proportions de l'acide.

Le mélange des éthers bi et trinitrique de la cellulose constitue le *coton-poudre.*

$$C^6H^{10}O^5 + 2(AzO^3H) = C^6H^8O^5(AzO^2)^2 + 2H^2O,$$

Cellulose.   Acide   Éther binitrique   Eau.
azotique. de la cellulose.

$$C^6H^{10}O^5 + 3(AzO^3H) = C^6H^7O^5(AzO^2)^3 + 3H^2O.$$

Cellulose.   Acide   Éther trinitrique   Eau.
azotique. de la cellulose.

Action de l'acide azotique sur les composés organiques. — L'oxydation des *composés organiques*, par l'acide azotique, est quelquefois assez violente, elle peut aller jusqu'à l'incandescence. Ainsi une feuille de papier imprégnée d'essence de térébenthine s'enflamme au contact de l'acide fumant, légèrement chauffé. Le *crin* brûle dans la vapeur d'acide azotique. L'oxydation de l'*indigo*, au moyen du même acide, est accusée par la décoloration de la matière organique. Le *sucre*, l'*amidon*, le *glucose*, sont transformés par l'acide azotique en acide oxalique.

Avec un grand nombre de matières organiques, l'acide nitrique donne des produits dits *de substitution*, qui résultent du remplacement de *un* ou *plusieurs* atomes d'hydrogène des corps organiques, par *un* ou *plusieurs* radicaux, AzO^2. Ces produits sont généralement des explosifs :

$$C^6H^6 + AzO^3H = C^6H^5AzO^4 + H^2O.$$

Benzine.   Acide azotique.   Nitro-benzine.   Eau.

Action sur l'organisme. — L'action oxydante de l'acide azotique peut produire sur les organes des effets dangereux. Introduit dans les voies respiratoires ou digestives, cet acide ronge les muqueuses. Appliqué sur la peau, il la colore en jaune; si le contact est prolongé, la brûlure peut devenir grave.

119. Usages. — L'industrie emploie de l'acide azotique pour préparer les explosifs nitrés, diverses matières colorantes, l'acide sulfurique, certains azotates, notamment l'azotate d'argent ou *pierre infernale*, etc. On s'en sert également pour le nettoyage des métaux, la gravure sur cuivre, la teinture en jaune de la laine, de la soie, etc. En somme, après les acides sulfurique et chlorhydrique, l'acide azotique est le plus important des acides au point de vue des applications.

§ III. — GÉNÉRALITÉS SUR LES OXYDES DE L'AZOTE
PROTOXYDE D'AZOTE

120. Oxydes de l'azote. — Il y a six principaux oxydes de l'azote :

Le *protoxyde d'azote* : Az^2O, auquel correspond *l'acide hypoazoteux* : $Az^2O^2H^2$ ou $2(AzOH)$.

Le *bioxyde d'azote* : AzO.

L'*anhydride azoteux* : Az^2O^3, auquel correspond *l'acide azoteux* : AzO^2H.

Le *peroxyde d'azote* : AzO^2.

L'anhydride azotique : Az^2O^5, auquel correspond *l'acide azotique :* AzO^3H.

L'anhydride perazotique : AzO^3, seulement entrevu.

121. Propriétés. — Tous les oxydes de l'azote sont endothermiques, c'est-à-dire formés avec absorption de chaleur, et, dès lors, très instables. Tous, même le peroxyde d'azote, qui est le plus stable, sont décomposés par la chaleur. Les corps réducteurs les ramènent à un degré d'oxydation moindre.

L'hydrogène forme, avec ces oxydes, de l'azote et de l'eau, ou de l'azote et de l'ammoniaque. Cette dernière réaction n'a lieu qu'en présence de la mousse de platine.

PROTOXYDE D'AZOTE OU OXYDE AZOTEUX

Formule : Az^2O ou $\begin{matrix}Az\\ \| \\ Az\end{matrix}\Big> O$. Poids moléculaire : 44.

122. Préparation. — On prépare le protoxyde d'azote en décomposant l'azotate d'ammonium, AzH^4AzO^3, par la chaleur. La réaction peut se formuler par l'équation :

$$AzH^4AzO^3 = 2H^2O + Az^2O.$$

Azotate d'ammonium.   Eau.   Protoxyde d'azote.

On chauffe l'azotate dans une cornue, et on recueille le gaz qui se dégage, soit sur le mercure, soit sur l'eau salée (fig. 55). Il faut

Fig. 55. — Préparation du protoxyde d'azote.

On peut préparer l'oxyde azoteux, en petite quantité, en décomposant l'azotate d'ammonium contenu dans un tube à essai.

éviter de chauffer au delà de 250°; car, au-dessus de cette température, la réaction devient explosive et donne du bioxyde d'azote, de l'azote et de l'ammoniaque.

123. Propriétés physiques. — Le protoxyde d'azote est un gaz incolore, inodore, d'une saveur faiblement sucrée, de densité 1,52. L'eau en dissout un peu plus de son volume à 0°, et un peu moins à 15°. Il est plus soluble dans l'alcool. A 0°, et sous la pression de 30 atmosphères, il se transforme en un liquide dont l'évaporation dans le vide produit un froid suffisant pour congeler en une neige blanche la partie du liquide non encore vaporisée.

124. Propriétés chimiques. — Les corps incandescents dont la combustion dégage suffisamment de chaleur pour décomposer l'oxyde azoteux, brûlent dans ce gaz avec beaucoup plus d'éclat que dans l'air. Cela vient de ce que l'oxygène entre pour *moitié* dans le mélange résultant de la décomposition de l'oxyde azoteux, et seulement pour $\frac{1}{5}$ dans l'air. Aussi le phosphore, le soufre, le carbone préalablement enflammés, y brûlent avec éclat.

Si l'on présente une flamme à l'orifice d'un vase contenant des volumes égaux d'oxyde azoteux et d'hydrogène, on a une détonation avec production d'eau et d'azote :

$$Az^2O + H^2 = H^2O + Az^2.$$

Oxyde   Hydrogène.   Eau.   Azote.
azoteux.

Introduit dans le sang par les voies respiratoires, l'oxyde azoteux produit l'anesthésie; cette propriété est utilisée en médecine.

125. Caractères du protoxyde d'azote. — 1°) Une allumette présentant un point en ignition se rallume dans l'oxyde azoteux comme dans l'oxygène.

2°) Le protoxyde d'azote se distingue de l'oxygène en ce qu'il n'est absorbé à froid, ni par le phosphore, ni par l'acide pyrogallique; et qu'il ne produit point de vapeurs rutilantes au contact du bioxyde d'azote.

§ IV. — BIOXYDE D'AZOTE OU OXYDE AZOTIQUE

Formule : AzO.   Poids moléculaire : 30.

126. Préparation. — Le bioxyde d'azote se prépare en réduisant l'acide azotique par le cuivre, ou par un sel ferreux. Suivant le réducteur employé, on obtient les réactions :

$$(1) \qquad 8AzO^3H + 3Cu = 3(AzO^3)^2Cu + 4H^2O + 2AzO.$$

Acide   Cuivre.   Azotate   Eau.   Oxyde
azotique.   cuivrique.   azotique.

$$(2) \qquad 2AzO^3H + 6SO^4Fe + 3SO^4H^2 = 3\{(SO^4)^3Fe^2\} + 4H^2O + 2AzO$$

Acide   Sulfate   Acide   Sulfate   Eau.   Oxyde
azotique.   ferreux.   sulfurique.   ferrique.   azotique.

Modes opératoires. — 1° La réaction (1) se produit à froid, dans un appareil analogue à celui qui sert pour la préparation de l'hydrogène. On introduit, dans le flacon tubulé, de la tournure de cuivre, un peu d'eau et de l'acide azotique.

Le gaz qui se dégage est recueilli sur la cuve à eau. Au contact de l'oxygène contenu dans l'air du flacon, les premières bulles d'acide azotique se sont transformées en vapeurs rutilantes qui se sont décomposées dans l'eau de l'appareil.

2° La réaction (2) se produit en chauffant dans un ballon une dissolution concentrée de sulfate ferreux, en présence d'un excès d'acide sulfurique et sur laquelle on fait agir, peu à peu, l'acide azotique.

Le gaz qui se dégage est de l'oxyde azotique pur, qu'on recueille sur la cuve à eau.

3° On obtient encore du bioxyde d'azote pur par l'action à chaud de l'acide azotique sur le chlorure ferreux, en solution concentrée. On ajoute à la dissolution un excès d'acide chlorhydrique.

127. Propriétés physiques. — L'oxyde azotique est un gaz incolore, très peu soluble dans l'eau; sa densité est 1,03. On peut le liquéfier, quoique difficilement, et le liquide obtenu bout à — 154°. L'odeur et la saveur de ce gaz sont inconnues, parce que, au contact de l'oxygène de l'air, il se transforme en peroxyde d'azote.

128. Propriétés chimiques. — L'oxygène en excès transforme le bioxyde d'azote en peroxyde :

$$2AzO + 2O = Az^2O^4 \text{ ou } 2(AzO^2).$$

Oxyde azotique.   Oxygène.   Peroxyde d'azote.

Si l'oxygène est en quantité insuffisante, on recueille un mélange d'oxyde azotique AzO, d'anhydride azoteux Az^2O^3, et de peroxyde d'azote AzO^2, désigné sous le nom de *vapeurs rutilantes*.

Lorsqu'on chauffe l'oxyde azotique, on obtient d'abord divers composés oxygénés de l'azote; à mesure que la température s'élève, ces composés se transforment en peroxyde, lequel se décompose au rouge en ses éléments : oxygène et azote.

Les corps qui en se consumant dégagent assez de chaleur pour décomposer le bioxyde d'azote, y brûlent, mais avec moins d'éclat que dans le protoxyde. Le mélange obtenu en agitant dans un flacon de l'oxyde azotique avec du sulfure de carbone, brûle avec une vive lumière bleuâtre.

Les sels ferreux en dissolution absorbent l'oxyde azotique et se colorent en brun. L'absorption est accompagnée d'un vide relatif qu'on peut facilement mettre en évidence; il suffit d'introduire quelques gouttes d'une dissolution de sulfate ferreux dans une éprouvette remplie de bioxyde, et d'agiter en bouchant l'orifice avec la main ; après le changement de couleur, l'éprouvette reste adhérente à la main par suite du vide partiel qui s'est produit.

129. Caractères du bioxyde d'azote. — L'oxyde azotique se reconnaît à ce fait qu'une bulle d'air ou d'oxygène, introduite dans un vase rempli de ce gaz, y produit des *vapeurs rutilantes*.

L'action dissolvante des sels ferreux peut achever de le caractériser.

§ V. — LE PEROXYDE D'AZOTE

Formule : AzO^2.   Poids moléculaire : 46.

130. Préparation. — On obtient du peroxyde d'azote, soit en combinant directement l'azote et l'oxygène sous l'influence de l'étincelle électrique, soit en faisant arriver de l'oxygène dans une atmosphère remplie d'oxyde azotique.

Le peroxyde obtenu dans ces deux cas n'est pas pur ; de plus, lorsqu'on prépare le peroxyde en combinant l'azote et l'oxygène sous l'influence de l'étincelle électrique, l'action est limitée par la réaction inverse (n° 130).

Pour avoir le peroxyde d'azote pur, on décompose par la chaleur l'azotate de plomb bien sec ; on obtient :

$$(AzO^3)^2Pb = PbO + O + Az^2O^4.$$

Azotate de plomb.   Protoxyde de plomb.   Oxygène.   Peroxyde d'azote.

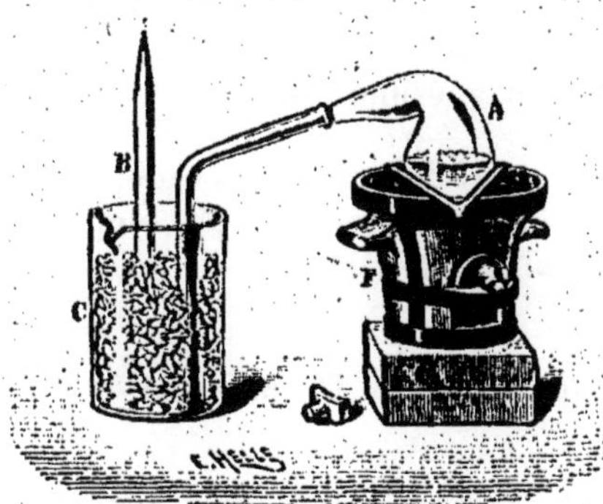

Fig. 56. — Préparation du peroxyde d'azote.

Les vapeurs de peroxyde passent avec l'oxygène dans un tube en U, entouré d'un mélange réfrigérant (fig. 56). Le peroxyde se condense, tandis que l'oxygène s'échappe par l'extrémité effilée du tube.

131. Propriétés physiques. — Dans le tube où s'est condensé le peroxyde on trouve des cristaux incolores qui fondent à — 9°, en donnant un liquide jaune orangé. Ce liquide ne se solidifie qu'à — 23° ; il bout à 22° en donnant naissance à des vapeurs rouges, dangereuses à respirer ; la densité de ces vapeurs varie avec la température ; elle ne devient constante et égale à 1,59 que vers 134° ; la formule correspondante à la densité est alors AzO^2. La formule répondant à la densité à basse température est A^2O^4.

132. Propriétés chimiques. — Le peroxyde d'azote est le composé oxygéné de l'azote qui résiste le mieux à la chaleur ; toutefois il se décompose au rouge.

L'électricité exerce sur lui une action décomposante, limitée par la réaction inverse ; car dès qu'il s'est produit une certaine quantité d'azote et d'oxygène libres, ces gaz se recombinent sous l'action de l'étincelle électrique.

L'eau décompose le peroxyde d'azote en acide azoteux et acide azotique. La réaction est la suivante :

$$2AzO^2 + H^2O = AzO^3H + AzO^2H.$$

Peroxyde d'azote.	Eau.	Acide azotique.	Acide azoteux.

La présence de ces deux derniers corps est très visible dans le mélange liquide. On voit, en effet, deux couches superposées : l'inférieure colorée en bleu, c'est l'acide azoteux ; la supérieure, presque incolore, c'est l'acide azotique.

En remplaçant dans cette réaction l'eau par une base, on obtient un azotite et un azotate.

Le peroxyde d'azote est un oxydant très énergique ; à une température suffisamment élevée, il est réduit par l'hydrogène, le phosphore, le carbone, le potassium, le magnésium, etc.

133. Usages. — M. Turpin s'est servi du peroxyde d'azote comme source d'oxygène dans la *panclastite :* mélange explosif, composé de peroxyde d'azote, de pétrole et de sulfure de carbone.

§ VI. — LES ANHYDRIDES AZOTEUX ET AZOTIQUE

134. Anhydride azoteux, Az^2O^3. — On ne connaît pas encore l'anhydride azoteux pur. Il s'en produit dans l'action de l'oxygène sur l'oxyde azotique à basse température.

L'anhydride impur est un liquide bleu, qui bout vers 0°, et se décompose, par une faible élévation de température, en bioxyde et peroxyde d'azote.

135. Anhydride azotique, Az^2O^5. — On peut préparer l'anhydride azotique par la déshydratation de l'acide azotique.

C'est un corps solide, très instable ; il fond à 30°, en donnant un liquide qui bout dès 47°, et se décompose vers 80°.

§ VII. — LOIS DE DALTON ET DE RICHTER

136. Loi des proportions multiples ou de Dalton[1].—*Toutes les fois qu'un corps, en se combinant avec un autre, donne plusieurs composés, il y a un rapport simple entre les différents poids de l'un des corps, qui se combinent avec un même poids de l'autre.*

Ainsi l'azote donne, en se combinant avec l'oxygène, des composés ayant pour formules :

$$Az^2O, \quad AzO, \quad Az^2O^3, \quad AzO^2, \quad Az^2O^5, \quad AzO^3.$$

L'analyse de ces corps montre que, pour un même poids d'azote 14^{gr}, on a successivement : 8, 16, 24, 32, 40, 48^{gr} d'oxygène; ces nombres pris deux à deux ne forment que des rapports très simples. En les comparant au premier, on a les rapports 1, 2, 3, 4, 5 et 6.

En les comparant entre eux deux à deux, on arrive à des rapports tels que :

$$2, \quad \frac{3}{2}, \quad \frac{4}{3}, \quad \frac{5}{4}, \quad \frac{6}{5}.$$

Cette loi a été le point de départ de l'hypothèse des atomes.

137. Loi de la proportionnalité ou de Richter[2]. — *Si les poids de deux corps qui se combinent avec un troisième sont dans un rapport k, les poids de ces mêmes corps qui se combinent entre eux sont dans un rapport égal à k ou à un multiple de k.*

En d'autres termes, si on détermine par l'analyse ou la synthèse les poids de tous les corps qui se combinent avec un même poids d'oxygène, ces poids représenteront aussi les poids suivant lesquels ces corps se combinent entre eux.

Par exemple, l'analyse chimique montre que, dans les composés oxygénés du potassium et du chlore, on a toujours 39^{gr} de potassium ou $35^{gr},5$ de chlore pour 8^{gr} d'oxygène. Or c'est précisément dans la proportion de 39 à 35,5 que le potassium se combine avec le chlore pour former le chlorure de potassium KCl.

---

[1] DALTON, chimiste et physicien anglais (1766-1844). Il inventa la théorie des atomes et des équivalents.

[2] RICHTER, chimiste allemand (1762-1807).

CHAPITRE XI
L'AMMONIAQUE ET SES COMPOSÉS.
LOIS DE GAY-LUSSAC

§ I. — AMMONIAQUE

Formule : AzH^3. Poids moléculaire : 17.

138. État naturel. — Il se produit des *sels ammoniacaux* dans la distillation et dans la décomposition de toutes les matières organiques. Ainsi on en trouve dans les eaux d'épuration du gaz d'éclairage, dans les urines putréfiées, et dans tous les autres déchets d'origine animale, etc.

Il existe de l'ammoniaque *libre* dans l'atmosphère.

139. Préparation. — L'ammoniaque se prépare en décomposant le chlorure d'ammonium par une base fixe, comme la chaux. L'intervention de la chaleur facilite le dégagement du gaz ammoniac. La réaction est la suivante :

$$\begin{array}{l} AzH^4Cl \\ AzH^4Cl \end{array} + Ca \!<\! \begin{array}{l} OH \\ OH \end{array} = Ca \!<\! \begin{array}{l} Cl \\ Cl \end{array} + \begin{array}{l} AzH^3 \\ AzH^3 \end{array} + \begin{array}{l} HOH \\ HOH \end{array}$$

ou
$$2AzH^4Cl + Ca(OH)^2 = CaCl^2 + 2AzH^3 + 2H^2O.$$

Chlorure d'ammonium.   Hydrate de calcium.   Chlorure de calcium.   Gaz ammoniac.   Eau.

Mode opératoire. — On introduit le mélange de chlorure d'ammo-

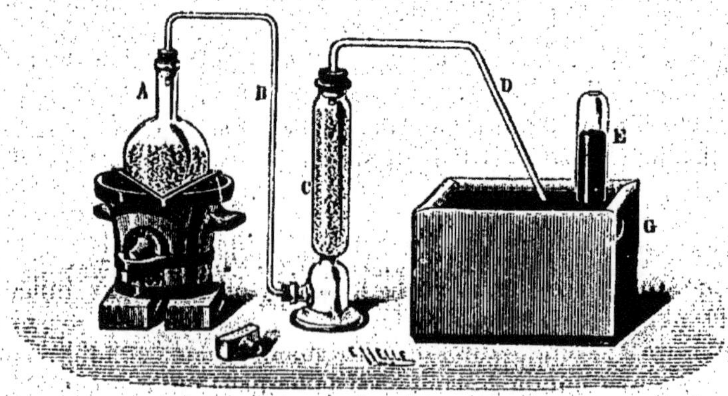

Fig. 57. — Préparation du gaz ammoniac.

On chauffe dans le ballon A un mélange de chlorure d'ammonium et de chaux vive. Le gaz qui se dégage par le tube B, se dessèche dans la colonne C, et se rend par le tube D dans l'éprouvette E placée sur la cuve à mercure G.

5.

nium et de chaux éteinte, dans un ballon muni d'un tube de dégagement, et on chauffe (fig. 57). Le gaz qui se dégage se dessèche en passant sur de la chaux vive, avec laquelle on achève de remplir le ballon ; et il est ensuite recueilli sur la cuve à mercure.

Pour préparer la dissolution ammoniacale, on fait barboter le gaz ammoniac dans une série de flacons contenant de l'eau distillée.

140. Propriétés physiques. — L'ammoniaque est un gaz incolore, d'une odeur vive et piquante qui provoque les larmes, d'une saveur caustique. Sa densité est 0,59. Il est excessivement soluble dans l'eau, qui, à 0°, en dissout 1050 fois son volume.

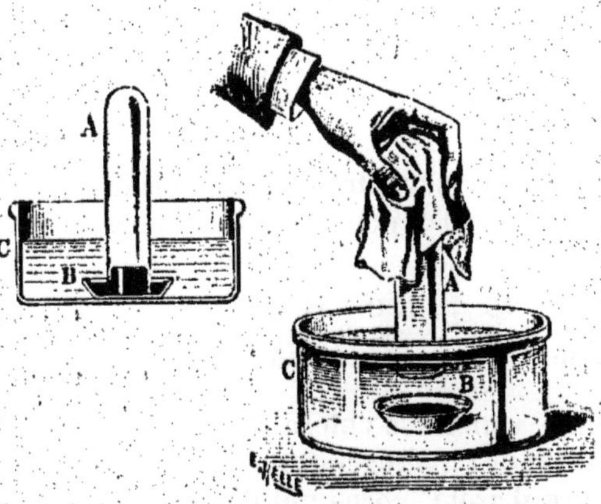

Cette solubilité diminue si la température s'élève ; mais, à 15°, le coefficient de solubilité est encore égal à 613. Cette grande solubilité peut être rendue sensible par des expériences de laboratoire (fig. 58).

L'ammoniaque liquide du commerce, appelé aussi *alcali volatil* ou *dissolution ammoniacale*, est un liquide incolore, de même odeur que le gaz, et ayant une réaction fortement alcaline.

Fig. 58. — Solubilité du gaz ammoniac dans l'eau.
On place dans l'eau du vase C l'éprouvette A pleine de gaz ammoniac et maintenue fermée à l'aide du mercure de la soucoupe B. Si on soulève brusquement l'éprouvette, elle est généralement brisée par le choc de l'eau contre les parois intérieures.

Cette dissolution perd son gaz sous l'influence d'un accroissement de température ou d'une diminution de pression. Refroidie fortement, elle abandonne des cristaux d'hydrate, ayant pour composition AzH^3OH.

Liquéfaction. — Le gaz ammoniac peut être facilement liquéfié, par une forte pression, par le froid ou par ces deux influences réunies. Pour réaliser la liquéfaction, on introduit du charbon ou du chlorure d'argent, saturés de gaz ammoniac, dans un tube recourbé qu'on ferme ensuite à la lampe ; si la branche qui contient le corps saturé de gaz plonge dans l'eau chaude et l'autre branche dans la glace, on voit le gaz ammoniac se liquéfier peu à peu dans la partie froide du tube.

141. Propriétés chimiques. — Lorsqu'on fait passer un courant de gaz ammoniac dans un tube en porcelaine chauffé au rouge vif, le gaz se dissocie en Az et H.

Une série d'étincelles électriques décompose partiellement le gaz ammoniac en ses éléments, mais la décomposition est limitée par un effet inverse.

Action des métalloïdes. — L'oxygène ne réagit pas sur le gaz ammoniac à la température ordinaire; mais si on enflamme un jet d'ammoniaque, arrivant par un tube effilé dans un flacon plein d'oxygène, il y brûle et produit de l'eau et de l'azote. La réaction peut être formulée comme il suit :

$$2AzH^3 + 3O = 3H^2O + 2Az.$$

Gaz   Oxygène.   Eau.   Azote.
ammoniac.

L'oxydation du gaz ammoniac peut être poussée plus loin; il suffit de faire passer ce gaz mélangé d'oxygène sur la mousse de platine légèrement chauffée, on a :

$$AzH^3 + 4O = H^2O + AzO^3H.$$

Gaz   Oxygène.   Eau.   Acide
ammoniac.   azotique.

Les éléments *halogènes*, comme le chlore et l'iode, décomposent le gaz ammoniac, s'emparent de l'hydrogène, et laissent comme résidu du chlorure ou de l'iodure d'azote, corps qui détonent avec la plus grande facilité.

Action des composés. — Les *hydracides* (*acides chlorhydrique, bromhydrique, iodhydrique et sulfhydrique*) se combinent au gaz ammoniac à volumes égaux.

Les *oxacides* fixent le gaz ammoniac, en formant des sels isomorphes des sels de potassium et de sodium; cette observation a conduit Ampère à sa théorie sur l'existence du radical ammonium AzH⁴.

Radical ammonium. — *On appelle radical un groupe d'atomes liés entre eux assez solidement pour passer d'une molécule dans une autre sans éprouver de décomposition.*

Le radical ammonium AzH⁴ n'a pas encore pu être isolé; toutefois son existence dans les sels n'est guère douteuse.

Le radical AzH⁴ présente une très grande analogie avec les métaux alcalins. Nous pouvons admettre que la solution ammoniacale renferme une base AzH⁴,OH, analogue à la potasse K,OH, et ne différant de cette dernière que par la substitution de AzH⁴ à K.

Si on traite l'une ou l'autre de ces deux bases par l'acide azotique AzO³.H, on obtient de l'eau et un azotate qui, suivant la base traitée, a pour formule $AzH^4.AzO^3$ ou $K.AzO^3$. Les réactions sont :

$$AzH^4.OH + AzO^3H = AzH^4.AzO^3 + H^2O$$

Solution   Acide   Azotate   Eau.
ammoniacale, azotique. d'ammonium.

$$K.OH + AzO^3H = K.AzO^3 + H^2O.$$

Hydrate   Acide   Azotate   Eau.
de potassium, azotique. de potassium.

Ces mêmes rapprochements existent entre les sels qui correspondent aux autres acides.

On n'est pas sûr de la présence de l'hydrate d'ammonium $AzH^4.OH$, dans la dissolution ammoniacale; mais on connaît une combinaison cristallisée qui répond à la formule $AzH^3.OH$ de cet hydrate.

L'isomorphisme entre les cristaux des sels de potassium et d'ammonium est une nouvelle preuve de l'analogie entre leurs formules.

De plus, dans l'électrolyse d'un sel ammoniacal, le groupe AzH^4 se rend à l'électrode négative comme un métal ; et si on emploie comme électrode négative du mercure, le groupe AzH^4 forme avec le mercure un amalgame.

Un radical monovalent ne peut pas, en général, exister à l'état de liberté. Dans le groupement AzH^4, Az est pentavalent, et 4 valences seulement se

trouvent saturées par les 4 atomes d'hydrogène $\left(-Az\genfrac{}{}{0pt}{}{-H}{-H}\genfrac{}{}{0pt}{}{-H}{-H}\right)$. Donc le radical

(AzH^4) est monovalent, et partant, ne peut pas exister à l'état de liberté; c'est ce qui explique pourquoi on n'a pas pu l'isoler.

142. Usages. — La médecine utilise le gaz ammoniac comme excitant, pour combattre la syncope et l'asphyxie par certains gaz. La solution ammoniacale est employée contre les piqûres d'insectes et les morsures de vipères; pour dissiper l'ivresse, le gonflement. Elle sert très fréquemment comme réactif dans les laboratoires. L'industrie l'emploie pour préparer le carbonate de sodium par le procédé Solway (*soude à l'ammoniaque*) et les sels ammoniacaux; pour dissoudre les matières colorantes, aviver des couleurs, dégraisser la laine et les étoffes, préparer la glace, etc.

143. Caractères du gaz ammoniac. — On reconnaît ce gaz aux caractères suivants : il a une odeur piquante; il forme des fumées blanches en présence de l'acide chlorhydrique; il ramène au bleu le tournesol rougi; il colore en bleu céleste une solution étendue de sulfate de cuivre.

§ II. — CHLORURE D'AMMONIUM

Formule : AzH^4Cl.   Poids moléculaire : 53,5.

144. Préparation. — Le chlorure d'ammonium peut se produire par l'union directe des gaz chlorhydrique et ammoniac. Pour cela on soumet à la distillation, après avoir ajouté un peu de chaux, soit les eaux d'épuration du gaz d'éclairage, soit les eaux vannes résultant de la putréfaction des urines.

Le gaz qui se dégage est reçu dans une dissolution d'acide chlorhydrique. On évapore ensuite pour chasser l'excès d'acide.

Purification. — Le sel ainsi obtenu est impur. Pour le purifier, on l'introduit dans un vase chauffé au bain de sable; le chlorure d'ammonium se volatilise et se rassemble au-dessus du récipient en une croûte blanche de chlorure d'ammonium pur, qu'on recueille en brisant le vase.

145. Propriétés physiques. — Le chlorure d'ammonium se présente sous forme de masse fibreuse, cristallisée en cubes. Les cristaux sont translucides, difficiles à pulvériser, d'une saveur salée et piquante; ils se dissolvent dans l'eau avec absorption de chaleur. Ce phénomène se révèle par un abaissement sensible de la température du dissolvant.

M. Béhal a prouvé que, sous l'action de la chaleur, le sel ammoniac se décompose; la vapeur de ce sel n'est plus qu'un *mélange* des gaz chlorhydrique et ammoniac, qui se combinent de nouveau par refroidissement. Il ne s'agit donc pas d'une simple volatilisation.

146. Propriétés chimiques. — Quand on chauffe un oxyde métallique avec du chlorure d'ammonium, l'oxyde est généralement converti en chlorure, et le gaz ammoniac se dégage. Si l'on représente par M un métal bivalent, l'équation générale est :

$$MO + 2AzH^4Cl = MCl^2 + H^2O + 2AzH^3.$$

Oxyde   Chlorure   Chlorure   Eau.   Gaz
métallique. d'ammonium. métallique.   ammoniac.

Cette propriété est utilisée pour la préparation du gaz ammoniac et pour le décapage des métaux. Pour obtenir ce dernier résultat, il suffit de saupoudrer la surface du métal oxydé avec du chlorure d'ammonium, qui transforme l'oxyde, quel qu'il soit, en chlorure volatil.

Lorsqu'on mélange des dissolutions de chlorure d'ammonium et de chlorure de platine, on obtient un précipité jaune cristallin, de chloroplatinate d'ammonium; cette réaction est utilisée dans la préparation du platine.

147. Usages. — Le chlorure d'ammonium est employé pour le décapage des métaux, dans les piles Leclanché, pour la préparation du gaz ammoniac dans les laboratoires, etc.

§ III. — SULFATE D'AMMONIUM

Formule : $SO^4(AzH^4)^2$. Poids moléculaire : 132.

148. Préparation. — Dans l'industrie, le sulfate d'ammonium est préparé comme le sel ammoniac. On part des dissolutions ammoniacales naturelles, qu'on distille après y avoir ajouté de la chaux; le gaz qui se dégage est reçu dans l'acide sulfurique. Le sel obtenu est d'abord cristallisé, puis purifié par une deuxième cristallisation.

149. Propriétés. — Le sulfate d'ammonium cristallise en prismes incolores, anhydres, solubles dans leur poids d'eau bouillante, un peu moins solubles dans l'eau froide. Chauffés vers 150°, les cristaux fondent, et si la température s'élève, ils se transforment en bisulfate d'ammonium $SO^4(AzH^4)H$, qui se décompose à son tour en azote, eau et bisulfite, à une température plus élevée.

Avec les métaux de la série magnésienne, le sulfate d'ammonium donne des sulfates doubles, de la forme :

$$SO^4(AzH^4)^2, \quad SO^4Mg + 6H^2O.$$

Sulfate double d'ammonium et de magnésium.

150. Usages. — Le sulfate d'ammonium se prépare en grand, dans l'industrie, pour les besoins de l'agriculture; il est le point de départ dans la préparation des autres composés ammoniacaux.

§ IV. — LOIS DES VOLUMES OU DE GAY-LUSSAC

151. 1re Loi. — *Lorsque deux gaz se combinent, les volumes des composants sont entre eux dans un rapport très simple.*

Ainsi un volume de chlore se combine avec un volume d'hydrogène, pour former du gaz chlorhydrique HCl.

2 volumes d'hydrogène se combinent avec un volume d'oxygène, pour former de la vapeur d'eau H^2O.

1 volume d'azote se combine avec 3 volumes d'hydrogène, pour former du gaz ammoniac AzH^3.

152. 2e Loi. — *Il existe toujours un rapport simple entre le volume d'un composé gazeux et le volume des composants.*

$$1 \text{ vol. } H + 1 \text{ vol. } Cl = 2 \text{ vol. } HCl$$
$$2 \text{ vol. } H + 1 \text{ vol. } O = 2 \text{ vol. } H^2O$$
$$3 \text{ vol. } H + 1 \text{ vol. } Az = 2 \text{ vol. } AzH^3.$$

Ces lois découlent, par induction, de l'analyse de ces divers corps : acide chlorhydrique, eau, gaz ammoniac, etc.

Remarques. — 1° Le volume d'un composé n'est jamais supérieur à la somme des volumes des composants.

2° Lorsque la combinaison s'effectue à volumes égaux, le volume du composé est égal, en général, à la somme des volumes des composants :

$$1 \text{ vol. } H + 1 \text{ vol. } Cl = 2 \text{ vol. } HCl.$$

3° Il y a toujours contraction lorsque les gaz se combinent à volumes inégaux.

En général, la contraction est de $\frac{1}{3}$ si les gaz se combinent dans le rapport de 2 à 1; elle est de $\frac{1}{2}$, si les gaz se combinent dans le rapport de 3 à 1. (Voir les exemples ci-dessus).

CHAPITRE XII

ACIDES PHOSPHORIQUES ET PHOSPHORE

§ I. — ACIDES PHOSPHORIQUES

153. — On connaît trois acides phosphoriques :
L'acide *métaphosphorique*, PO^3H.
—   *pyrophosphorique*, $P^2O^7H^4$.
—   *orthophosphorique*, PO^4H^3.

Ce dernier, appelé encore acide *phosphorique ordinaire*, est le plus important des trois, et le seul que nous ayons à étudier d'une façon spéciale.

L'acide *pyrophosphorique* prend naissance, comme son nom l'indique, lorsqu'on enlève par la chaleur à l'acide ordinaire une molécule d'eau. La réaction s'opère un peu au delà de 200° :

$$2(PO^4H^3) - H^2O = P^2O^7H^4.$$

Acide   Eau.   Acide
orthophosphorique.   pyrophosphorique.

Si l'on chauffait jusqu'au rouge, une nouvelle molécule d'eau serait expulsée, et l'on obtiendrait l'acide *métaphosphorique* :

$$P^2O^7H^4 - H^2O = 2(PO^3H).$$

Acide   Eau.   Acide
pyrophosphorique.   métaphosphorique.

Toutefois il est préférable de préparer ce dernier acide en calcinant le phosphate d'ammonium du commerce; ce qui donne l'équation :

$$PO^4H \cdot (AzH^4)^2 = PO^3H + H^2O + 2AzH^3.$$

Phosphate   Acide   Eau.   Gaz
d'ammonium.   métaphosphorique.   ammoniac.

ACIDE PHOSPHORIQUE ORDINAIRE

Formule : PO^4H^3. Poids moléculaire : 98.

151. Préparations. — **1° Par l'action de l'eau sur l'anhydride phosphorique.** — On enflamme un morceau de phosphore dans un têt, qui flotte sur l'eau contenue dans une assiette, et on recouvre le tout d'une cloche en verre. Il se forme un composé P^2O^5, appelé anhydride phosphorique, qui, en présence de l'eau, se transforme d'abord en acide métaphosphorique PO^3H, puis en acide phosphorique ordinaire PO^4H^3.

Ou bien on enflamme le phosphore dans un ballon tubulé, traversé par un courant d'air sec. Les vapeurs d'anhydride phosphorique, entraînées par le courant, vont se condenser dans un

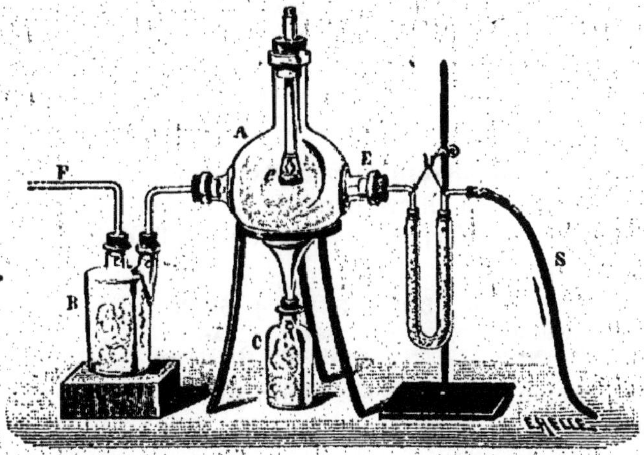

Fig. 59.— Préparation de l'acide phosphorique, par la combustion du phosphore dans l'air.

flacon contenant de l'eau (fig. 59), et se transforment en acide phosphorique.

2° Par l'oxydation du phosphore au moyen de l'acide azotique. — La transformation de l'anhydride phosphorique en acide, se produit rapidement en présence de l'acide azotique bouillant.

Pour amener le phosphore à l'état d'anhydride phosphorique, on l'introduit par fragments dans une cornue en verre, contenant de l'acide nitrique et communiquant avec un récipient refroidi (fig. 60). La réaction est très vive. En portant le contenu de la cornue à l'ébullition, l'acide azotique se trouve réduit en oxyde azo-

tique, qui se dégage, entraînant avec lui un peu d'acide azotique ;
il faut donc pren-
dre la précaution
de reverser dans
la cornue les pro-
duits condensés,
jusqu'à dispari-
tion complète du
phosphore. On
évapore ensuite le
liquide resté dans
la cornue, afin
d'en chasser tout
l'acide azotique,
mais en ayant soin
de ne pas chauffer
au delà de 200°,
pour éviter la for-
mation de l'acide
*pyrophospho-
rique.*

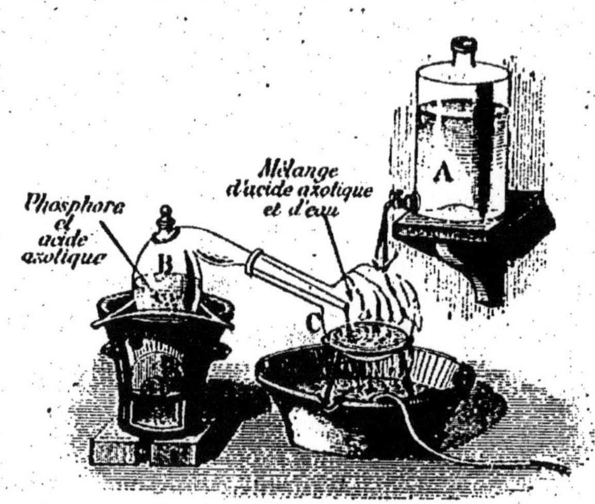

Fig. 60. — Préparation de l'acide phosphorique,
par l'action de l'acide azotique sur le phosphore.

3° Par l'action du perchlorure de phosphore sur l'eau. — Si l'on
fait arriver un courant de *chlore* dans du phosphore *fondu* sous
l'eau, on obtient du *perchlorure de phosphore* PCl^5, qui réagit sur
l'eau, suivant l'équation :

$$PCl^5 + 4H^2O = PO^4H^3 + 5HCl.$$

Perchlorure de phosphore.	Eau.	Acide phosphorique.	Acide chlorhydrique.

Par évaporation on chasse l'acide chlorhydrique, et il reste de
l'acide phosphorique.

4° Préparation industrielle. — Les *os* sont formés d'une matière
organique, l'*osséine*, et d'une matière minérale dont le phosphate
tricalcique $(PO^4)^2Ca^3$ constitue les $\frac{4}{5}$; le reste est principalement
formé de carbonate de calcium.

L'industrie isole la matière minérale pour en extraire l'acide phosphorique. L'élimination de l'osséine a lieu de deux manières :

a) Par la calcination, qui laisse un résidu composé exclusivement
de matières minérales. Les cendres sont traitées par l'acide sulfurique concentré : il se produit ainsi, d'une part du *sulfate de calcium insoluble*, d'autre part de l'*acide phosphorique soluble*. Ce
dernier est retiré par filtration, puis purifié par cristallisation.

b) On peut éliminer la matière organique des os par l'action prolongée de l'acide chlorhydrique. Cet acide dissout la matière minérale des os, sans attaquer l'osséine. Le phosphate tricalcique devient :

$$(PO^4)^2Ca^3 + 4HCl = (PO^4H^2)^2Ca + 2CaCl^2$$

Phosphate   Acide   Phosphate   Chlorure
tricalcique. chlorhydrique. monocalcique. de calcium.

et le carbonate de calcium :

$$CO^3Ca + 2HCl = CO^2 + H^2O + CaCl^2.$$

Carbonate   Acide   Anhydride   Eau.   Chlorure
de calcium. chlorhydrique. carbonique.   de calcium.

Une addition d'un lait de chaux transforme le phosphate monocalcique en phosphate bicalcique qui se précipite :

$$(PO^4H^2)^2Ca + Ca(OH)^2 = (PO^4H)^2Ca^2 + 2H^2O.$$

Phosphate   Hydrate   Phosphate   Eau.
monocalcique. de calcium. bicalcique.

Le phosphate bicalcique, séparé par filtration, est traité par l'acide sulfurique et évaporé jusqu'à consistance sirupeuse; on obtient ainsi l'acide phosphorique.

155. Propriétés. — L'acide phosphorique est une masse ordinairement sirupeuse, très soluble dans l'eau. La dissolution évaporée abandonne des cristaux prismatiques, qui fondent à 41°,75, et se dissolvent dans l'eau avec dégagement de chaleur.

Vers 213°, l'acide phosphorique ordinaire perd une molécule d'eau et se transforme en *acide pyrophosphorique.* On a la réaction :

$$2(PO^4H^3) - H^2O = P^2O^7H^4.$$

Acide   Eau.   Acide
phosphorique.   pyrophosphorique.

Au rouge sombre, il perd encore une molécule d'eau, et se transforme en *acide métaphosphorique.* La réaction est la suivante :

$$P^2O^7H^4 - H^2O = P^2O^6H^2 = 2(PO^3H)$$

Acide   Eau.   Acide
pyrophosphorique.   métaphosphorique.

Ce dernier acide se présente sous forme de masse vitreuse, indécomposable par la chaleur, incristallisable, soluble dans l'eau. Il est monobasique.

Inversement, on peut obtenir l'acide phosphorique ordinaire en partant des acides méta et pyrophosphorique. Il suffit d'hydrater ces derniers; or cette opération est facile à réaliser, puisque ces acides sont très avides d'eau.

L'acide phosphorique ordinaire est un acide tribasique; on peut donc avoir trois espèces d'orthophosphates, suivant qu'on substitue un métal au $\frac{1}{3}$, aux $\frac{2}{3}$ ou à la totalité de l'hydrogène basique. Ainsi on peut avoir : PO^4NaH^2, PO^4Na^2H ou PO^4Na^3 avec le sodium ; $(PO^4H^2)^2Ca$, $(PO^4H)^2Ca^2$ et $(PO^4)^2Ca^3$ avec le calcium. Le phosphate tricalcique, c'est-à-dire celui où le calcium est substitué à la totalité de l'hydrogène basique, est celui qui entre dans la composition des os et du phosphate de calcium naturel.

156. Caractères distinctifs des acides phosphoriques. — L'acide *métaphosphorique*, PO^3H, coagule l'albumine, et donne un précipité blanc avec le chlorure de baryum ou l'azotate d'argent.

L'acide *pyrophosphorique*, $P^2O^7H^4$, ne coagule pas l'albumine. Il n'a d'action ni sur le chlorure de baryum $BaCl^2$ ni sur l'azotate d'argent ; mais, neutralisé par l'ammoniaque, il donne un précipité *blanc* avec les deux réactifs.

L'acide *phosphorique ordinaire*, PO^4H^3, ne coagule pas l'albumine et n'a pas non plus d'action sur le chlorure de baryum et l'azotate d'argent. Mais, neutralisé, il donne un précipité *blanc* avec le chlorure de baryum, et un précipité *jaune* avec l'azotate d'argent.

§ II. — PHOSPHORE

Poids atomique : 31. Symbole : P. Poids moléculaire : 124.

157. État naturel. — Le phosphore est très répandu dans la nature à l'état de phosphate. Ainsi le phosphate tricalcique entre pour une proportion importante dans la constitution du tissu osseux des animaux, qui le puisent dans les aliments *animaux* ou *végétaux* dont ils se nourrissent. Les végétaux le puisent directement dans le sol.

158. Préparation. — L'industrie prépare le phosphore ordinaire en réduisant l'acide orthophosphorique par le charbon. La réaction est la suivante :

$$2PO^4H^3 + 5C = 5CO + 3H^2O + 2P.$$

Acide   Carbone.   Oxyde   Eau,   Phosphore.
phosphorique.   de carbone.

Pour effectuer cette réduction, on concentre l'acide obtenu jusqu'à ce qu'il marque 60°B ; on ajoute un excès de charbon de bois en poudre. La pâte résultant de ce mélange, séchée d'abord à l'air, puis dans un four au rouge sombre, est enfin distillée dans des cornues en terre réfractaire, disposées horizontalement. Les vapeurs de phosphore voi¹, se condenser dans des cuves en fonte contenant de l'eau (fig. 61).

Fig. 61. — Préparation du phosphore ordinaire, par l'action du carbone sur l'acide phosphorique.

Purification. — Pour purifier le phosphore, on le fond sous l'eau maintenue à 60° ; puis, à l'aide d'une forte pression, on lui fait traverser successivement une couche de noir animal et une peau de chamois ; enfin on le reçoit dans l'eau froide où il se condense.

Si on veut le purifier d'avantage, on le redistille dans un courant d'hydrogène.

159. Propriétés physiques. — Le phosphore ordinaire est un solide blanc jaunâtre, translucide, d'une odeur alliacée. Lorsqu'il vient d'être fondu, il est flexible et suffisamment mou pour être rayé par l'ongle. Sa densité est 1,84.

Il fond à 44°, et présente un exemple remarquable du phénomène de la surfusion. Ainsi, quand il est fondu sous l'eau, on peut abaisser sa température jusqu'à 30° sans qu'il se solidifie.

Il est insoluble dans l'eau, mais est très soluble dans le sulfure de carbone. Sa dissolution dans ce dernier liquide abandonne, par évaporation lente, le phosphore cristallisé sous forme de dodécaèdres rhomboïdaux.

160. Propriétés chimiques. — Action des métalloïdes. — La plus importante des propriétés chimiques du phosphore est sa grande affinité pour l'oxygène. A la *température ordinaire*, l'oxydation se produit lentement. C'est grâce à cette propriété que l'oxygène d'une quantité d'air limitée disparaît peu à peu en présence d'un bâton de phosphore.

La **phosphorescence** est la propriété du phosphore de luire dans l'obscurité; elle paraît être un phénomène de combustion lente. Les vapeurs émises par ce métalloïde à la température ordinaire se combinent peu à peu à l'oxygène de l'air. La phosphorescence ne se produit ni dans l'*azote*, ni dans l'*hydrogène*, ni dans le *vide barométrique*, ni même dans l'*oxygène pur* à la pression ordinaire, à moins que, dans ce dernier cas, la température ne soit supérieure à 45°, ou bien qu'on diminue la pression.

La phosphorescence a lieu au-dessous de 45°, si on introduit dans l'oxygène pur un gaz inerte, comme le gaz carbonique ou l'azote.

L'absorption de l'oxygène et la phosphorescence se trouvent empêchées par les vapeurs de certains corps, comme l'essence de térébenthine, le sulfure de carbone, l'éther, l'alcool, etc.

En réalité, la cause de ce phénomène est encore inconnue.

Si on chauffe le phosphore vers 60°, à l'air ou dans l'oxygène, il s'enflamme et brûle avec une flamme très brillante en produisant de l'anhydride phosphorique P^2O^5. Cette flamme est plus éclairante dans l'oxygène pur que dans l'air.

La grande facilité d'inflammation du phosphore en fait un corps assez délicat à manier. D'ailleurs ses brûlures sont dangereuses, à cause de l'action caustique de l'anhydride phosphorique sur les chairs.

Le phosphore s'enflamme spontanément dans le *chlore* sec, en donnant naissance à des chlorures de phosphore.

Le *brome*, l'*iode*, le *soufre*, l'attaquent très énergiquement; il se forme: PBr^3, PBr^5; P^2I^4, PI^3; P^2S^3, PS^3.

Action sur les composés. — L'affinité du phosphore pour l'oxygène en fait un *réducteur* énergique. Il décompose avec explosion l'acide azotique fumant, et avec moins de violence l'acide azotique ordinaire.

Il réduit presque tous les oxydes métalliques, et précipite de leurs dissolutions salines certains métaux comme le cuivre, l'or, l'argent, le platine : un bâton de phosphore plongé dans une dissolution de sulfate de cuivre la décolore, en même temps qu'il se recouvre de cuivre métallique.

L'eau, en présence d'un hydrate alcalin ou alcalino-terreux, est décomposée, à la température de l'ébullition; il se produit un hypophosphite et de l'hydrogène phosphoré PH^3.

Action sur l'organisme. — Introduit dans les voies digestives, le phosphore peut occasionner des douleurs très vives, suivies assez promptement de la mort, si la dose est suffisante. La nécrose des os de la mâchoire et du nez est assez fréquente chez ceux qui le manient habituellement. Le seul contrepoison connu est l'essence de térébenthine.

161. Phosphore rouge. — Le phosphore ordinaire, soumis à l'influence de la lumière ou de la chaleur vers 230°, subit une importante modification allotropique.

Propriétés particulières. — Par cette opération, le phosphore devient rouge, inodore, de densité 2,3. Il ne s'enflamme que vers 260°, n'est plus phosphorescent, ni soluble dans le sulfure de carbone; il ne cristallise qu'au voisinage de 80°, n'attaque pas ou presque pas les dissolutions alcalines. Il n'est pas vénéneux.

Ses autres propriétés chimiques sont identiques à celles du phosphore ordinaire, mais moins énergiques.

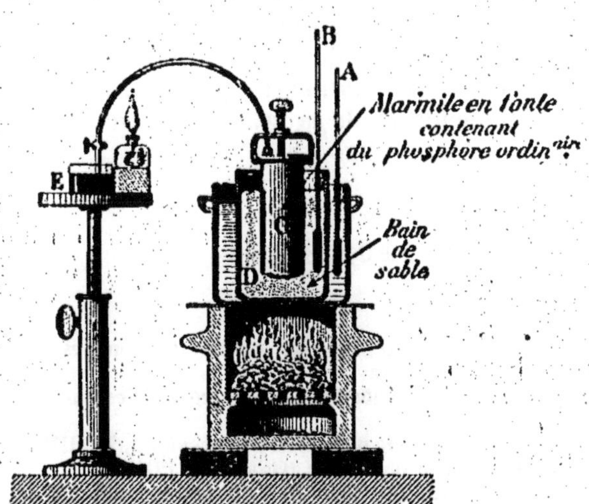

Fig. 62. — Préparation industrielle du phosphore rouge.

Préparation industrielle du phosphore rouge. — Dans l'industrie, on prépare le phosphore rouge en utilisant l'influence de la chaleur sur le phosphore ordinaire. Celui-ci est introduit en assez grande quantité, à peu près 200^{kg}, dans une marmite en fonte qu'on recouvre, en laissant au début une petite ouverture par laquelle pourra s'échapper l'oxygène de l'air (fig. 62). On chauffe d'abord doucement; puis, lorsque le dégagement gazeux a cessé, on ferme hermétiquement, et on élève la température jusqu'à 240° environ. Cette température ayant été maintenue pendant une dizaine de jours, on laisse refroidir la masse et on la lave au sulfure de carbone, qui dissout seulement le phosphore ordinaire non transformé.

162. Usages. — La plus grande partie du phosphore ordinaire préparé industriellement est employée pour fabriquer des allumettes. A cet effet, du bois léger, comme le peuplier ou le tremble, est coupé en petites baguettes minces, qu'on trempe d'abord dans la paraffine, pour les rendre plus combustibles. Puis le bout de ces baguettes est trempé dans du soufre fondu qui facilitera l'inflammation du bois, et enfin dans une pâte de composition variable, renfermant généralement *du phosphore, de la colle forte, du sable fin, du salpêtre, de l'ocre et de l'eau.*

On emploie encore le phosphore pour certaines expériences de laboratoire, et pour la fabrication des pâtes destinées à la destruction des rats.

Le *phosphore rouge* est utilisé pour la fabrication d'allumettes spéciales, dites au *phosphore rouge*. L'extrémité de ces allumettes a été trempée dans une pâte formée avec du *chlorate de potassium, du sulfure d'antimoine* et de la *gélatine*. Le phosphore rouge, mêlé avec du sulfure d'antimoine et de la gélatine, se trouve sur le frottoir.

§ III. — LES PHOSPHATES

163. Diverses espèces de phosphates. — Les *phosphates* sont les sels qui correspondent aux acides phosphoriques.

L'acide *orthophosphorique*, PO^4H^3, est tribasique; de là trois séries d'orthophosphates.

Avec le sodium, métal monovalent, on a : le phosphate *monosodique*, PO^4H^2Na, le phosphate *disodique*, PO^4HNa^2, et le phosphate *trisodique*, PO^4Na^3.

Avec le calcium, métal bivalent, on a de même trois orthophosphates : a) le phosphate *monocalcique*, $(PO^4)^2H^4Ca$, soluble dans l'eau; b) le phosphate *bicalcique*, $(PO^4)2H^2Ca^2$, insoluble dans l'eau pure, mais soluble dans l'eau chargée d'anhydride carbonique; c) le phosphate *tricalcique*, insoluble dans l'eau.

Ces trois phosphates jouent un rôle important en agriculture.

164. Phosphate tricalcique. — Le phosphate *tricalcique*, le plus important des orthophosphates de calcium, est un composé naturel. Il constitue, pour les $\frac{4}{5}$, la matière minérale des os des animaux.

Le phosphate tricalcique se rencontre dans la nature, combiné avec le chlorure de calcium; ce composé s'appelle *apatite;* il a pour formule

$$3\{(PO^4)^2Ca^3\} + CaCl^2.$$

Les *coprolithes* que l'on exploite dans les départements du nord de la France sont du phosphate tricalcique mêlé avec de la craie, du phosphate de fer et d'aluminium. Ils ont pour origine des excréments d'animaux.

165. Les phosphates en agriculture.— Superphosphate. — Les plantes ont besoin pour vivre d'éléments minéraux, dont les principaux sont : la potasse, la chaux, l'ammoniaque et le phosphate de calcium. Or, des trois phosphates de calcium, les deux premiers seuls sont solubles ; par conséquent, assimilables. Mais ils sont peu communs dans la nature, tandis que le dernier est assez répandu.

Pour rendre celui-ci soluble, c'est-à-dire assimilable, on le broie ; on malaxe ensuite la poudre obtenue, avec une quantité équivalente d'acide sulfurique à 50° B. Le résultat de cette opération est indiqué par l'équation :

$$(PO^4)^2Ca^3 + 2SO^4H^2 = (PO^4)^2H^4Ca + 2SO^4Ca.$$

Phosphate tricalcique.	Acide sulfurique.	Phosphate monocalcique.	Sulfate de calcium.

Le sel qui en résulte, appelé *superphosphate*, est très employé dans les cultures. Les autres engrais phosphatés sont le *noir animal* et le *guano*.

Le guano est un engrais composé d'excréments d'oiseaux ; on le trouvait autrefois en grande quantité dans les îles de la Mer du Sud. Il est très riche en phosphate et en ammoniaque.

CHAPITRE XIII

LE CARBONE

§ I. — GÉNÉRALITÉS

Poids atomique : 12. Symbole : C.

166. État naturel. — Le carbone est un corps très répandu dans la nature, soit à l'état libre, soit à l'état de combinaison. De là deux sortes de charbons : les charbons *naturels* et les charbons *artificiels*.

Les charbons *naturels* se rencontrent dans la terre, à l'état libre. Ce sont : la tourbe, les lignites, la houille, l'anthracite, le graphite, le diamant.

Les charbons *artificiels* existent à l'état de combinaison dans tous les corps organiques et dans un grand nombre de composés minéraux. L'industrie les prépare par l'action de la chaleur sur les composés carbonés. Ce sont : le charbon de bois, le coke, le charbon de cornue, le noir de fumée, le noir animal, etc.

167. Propriétés physiques communes à toutes les variétés de carbone. — Toutes les variétés de carbone sont remarquables par leur *fixité* ; elles ne se volatilisent qu'à la température de l'arc électrique, c'est-à-dire vers 3500°, et ne se dissolvent que dans les métaux en fusion.

168. Propriétés chimiques communes à toutes les variétés. — Action de l'oxygène. — Toutes les variétés de carbone ont une grande affinité pour l'oxygène, dans lequel elles brûlent.

Si l'oxygène est en excès, il se produit du gaz carbonique.

$$C \; + \; O^2 \; = \; CO^2.$$

Carbone.   Oxygène.   Anhydride
carbonique.

Si, au contraire, la combustion est incomplète faute d'oxygène en quantité suffisante, ou si la température est celle du rouge vif, on obtient de l'oxyde de carbone.

$$C \; + \; O \; = \; CO.$$

Carbone.   Oxygène.   Oxyde
de carbone.

Action de l'hydrogène. — L'hydrogène peut se combiner directement avec le carbone, pour former un carbure qui est l'*acétylène* C^2H^2.

Action de l'azote en présence de la potasse. — Si l'on fait passer un courant d'*azote* sur des charbons imprégnés d'un alcali, de *potasse* par exemple, le carbone et l'azote se combinent pour former le cyanogène CAz, qui s'unit à l'alcali. Avec la potasse, on aura du *cyanure de potassium*.

Action du soufre. — La vapeur de soufre, passant sur des charbons chauffés au rouge, donne :

$$C \; + \; S^2 \; = \; CS^2.$$

Carbone.   Soufre.   Sulfure
de carbone.

Action sur les composés. — L'affinité du carbone pour l'oxygène en fait un réducteur très employé dans la métallurgie de certains métaux.

On réduit très facilement avec le charbon l'oxyde de cuivre, qui cède son oxygène pour former du gaz carbonique, et passe à l'état de cuivre métallique :

$$2CuO \; + \; C \; = \; CO^2 \; + \; Cu.$$

Oxyde   Carbone.   Anhydride   Cuivre.
de cuivre.   carbonique.

Pour effectuer cette réduction, on introduit dans un tube à essai un mélange en proportion convenable de charbon et d'oxyde de cuivre, et l'on chauffe doucement, après avoir fermé le tube à essai par un bouchon livrant passage à un tube à dégagement. Le gaz qui sort trouble l'eau de chaux, en donnant un précipité de carbonate de calcium (fig. 63).

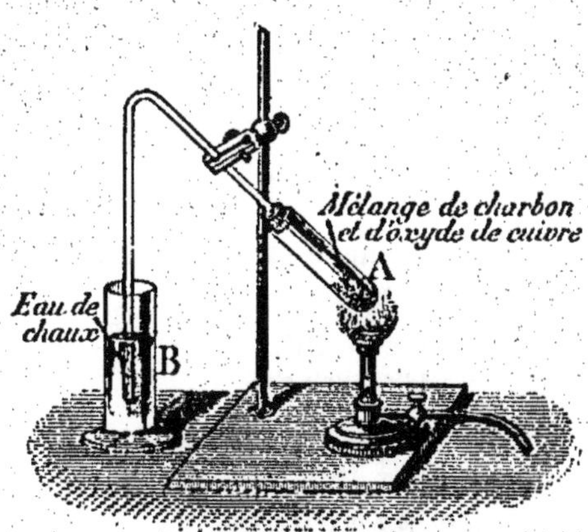

Fig. 63.
Réduction de l'oxyde de cuivre par le charbon.
On chauffe, dans le tube à essai A, un mélange de charbon et d'oxyde de cuivre; il se dégage du gaz carbonique, reconnaissable à son action sur l'eau de chaux placée en B.

Si la réduction de l'oxyde n'a lieu qu'à la température du rouge vif, comme cela arrive pour l'oxyde de zinc, il se produit de l'oxyde de carbone :

$$ZnO + C = CO + Zn.$$

Oxyde de zinc.　　Carbone.　　Oxyde de carbone.　　Zinc.

Action sur l'eau. — La vapeur d'eau passant sur des charbons chauffés au rouge, dans un tube de porcelaine, se décompose en don-

Fig. 64. — Décomposition de la vapeur d'eau par le charbon au rouge.
La vapeur se produit en A, passe dans le tube B contenant le charbon chauffé au rouge les gaz résultant de la décomposition sont recueillis en C.

nant naissance à un mélange de gaz carbonique, d'oxyde de carbone et d'hydrogène (fig. 64).

Les réactions qui se produisent peuvent être représentées par les équations (1) et (2) :

Dans la région où le tube est porté au rouge *vif*, il se forme de l'hydrogène et de l'oxyde de carbone :

$$H^2O + C = CO + H^2 \qquad (1)$$

Eau.   Carbone.   Oxyde   Hydrogène.
de carbone.

Dans les parties du tube chauffées seulement au rouge *sombre*, il se produit de l'hydrogène et du gaz carbonique :

$$2H^2O + C = CO^2 + 2H^2. \qquad (2)$$

Eau.   Carbone.   Anhydride   Hydrogène.
carbonique.

§ II. — CHARBONS NATURELS

169. Diamant. — Le diamant est du carbone pur, ainsi que l'ont constaté Lavoisier et Davy, en le faisant brûler dans l'oxygène pur.

On ne le trouve dans la nature qu'à l'état de petits cristaux, disséminés dans les argiles et les sables d'alluvions aux Indes, dans l'île de Bornéo, dans les monts Ourals, au Brésil, dans le sud de l'Afrique.

Moissan l'a obtenu artificiellement, en faisant refroidir, sous une pression considérable, une dissolution de carbone dans de la fonte en fusion. De petits cristaux de diamant, emprisonnés dans la masse solidifiée, furent ensuite isolés en attaquant la fonte par ses dissolvants acides.

Propriétés. — Le diamant se présente sous forme de cristaux appartenant au système cubique. Ce sont des polyèdres à 8, 12, 24 ou 48 faces, généralement incolores ; il en existe pourtant de colorés en *jaune*, *rose*, *bleu*, *vert*, ou même *noir*. Ces derniers ont reçu le nom de *borts* ou *carbonados*.

Le diamant est très réfringent ; s'il est convenablement taillé, il produit ces jeux de lumière qui sont tant recherchés en joaillerie.

Le diamant est si dur, qu'il raye tous les corps et ne peut être rayé que par lui-même. Sa densité varie entre 3,50 et 3,55. Il conduit mal la chaleur et l'électricité.

Usages. — On utilise la dureté du diamant pour couper le verre, faire des pivots pour l'horlogerie ou des pointes d'outils destinés à percer les pierres dures. La joaillerie le recherche surtout à cause de son grand pouvoir réfringent.

Pour augmenter la réfringence du diamant, on le soumet d'abord au clivage, ce qui multiplie les facettes ; puis on polit ces facettes en les frottant avec de la poussière de diamant appelée *égrisée*. Cette poussière est humectée d'huile et placée sur une surface en acier, à laquelle on imprime un mouvement de rotation. Enfin on taille le diamant en brillant (fig. 65) ou, si la chose est impraticable, en rose (fig. 66).

Le prix d'un diamant dépend à la fois de sa *taille*, de sa *grosseur* et de sa

Fig. 65. — Diamant taillé en brillant.

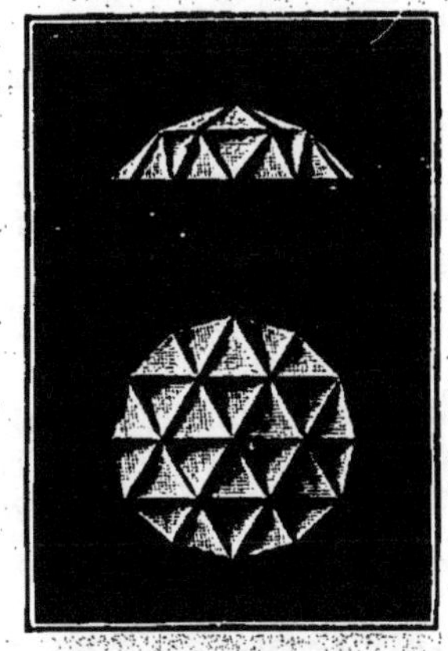

Fig. 66. — Diamant taillé en rose.

limpidité. Le poids du diamant s'évalue en *carats*; chaque carat vaut 0gr,205. Les plus gros diamants connus sont : celui du rajah de Bornéo, pesant 367 carats ; celui du grand Mogol, 279c ; celui de l'empereur de Russie, 193c ; enfin le *Régent* de France, qui pèse 126c.

170. Graphite ou plombagine. — Le *graphite* est un carbone moins pur que le diamant. Il renferme 2 % d'impuretés. On le rencontre par masses cristallisées dans les terrains primitifs de la Sibérie et de Ceylan. La fonte en fusion qui a dissous du charbon abandonne, par refroidissement lent, du graphite cristallisé en lamelles hexagonales.

La *plombagine* est un corps mou, opaque, onctueux au toucher, salissant les doigts, et laissant sur le papier une trace grise, qui explique son emploi dans la fabrication des crayons. Il a une densité variant entre 2,10 et 2,25. Il conduit bien la chaleur et l'électricité.

Usages. — Le graphite entre comme matière première dans la fabrication des crayons ; il est utilisé dans la galvanoplastie pour rendre les moules conducteurs ; on s'en sert également pour noircir les objets en tôle ou en fer, etc.

171. Anthracite ou charbon de pierre. — L'*anthracite* renferme de 8 à 10 % d'impuretés ; on le rencontre dans les terrains géologiques antérieurs au terrain carbonifère.

C'est une masse noire, brillante, compacte ; sa densité varie entre 1,5 et 2. Il brûle moins vite que la houille ; c'est un bon combustible quand le tirage est suffisant.

172. Houille ou charbon de terre. — La *houille* est une masse noire, brillante, composée de feuillets superposés, renfermant de 25 à 22 % d'impuretés, ce qui explique sa flamme fuligineuse. Sa densité varie entre 1,16 et 1,60. La houille se rencontre dans les terrains supérieurs au terrain carbonifère, particulièrement dans *le terrain houiller*.

Les empreintes de végétaux que l'on observe fréquemment sur ce charbon révèlent son origine, due à l'altération lente des plantes terrestres.

On distingue les houilles *grasses*, *demi-grasses* et *maigres* :

Les *houilles grasses* se boursouflent beaucoup en brûlant, leur flamme est longue et fuligineuse ; elles sont employées dans les forges et les usines à gaz. On les trouve à *Saint-Étienne* et à *Mons*.

Les *houilles demi-grasses* ne subissent pas la fusion ignée. Elles servent pour chauffer les chaudières.

Les *houilles maigres* brûlent avec une flamme courte. Telles sont celles de *Blanzy*. Elles fournissent moins de chaleur que les précédentes, et pour cette raison on les utilise à la cuisson des briques, des tuiles, de la chaux, etc.

173. Lignites. — Les lignites, charbons fossiles de formation récente, se trouvent à la base des terrains tertiaires. En France, on les rencontre notamment aux environs de Laon et de Soissons. Ils conservent la forme et la structure intime des végétaux dont ils proviennent.

Ce sont des charbons beaucoup plus impurs, et dégageant moins de chaleur que les houilles ; leur combustion produit une flamme longue, accompagnée d'une fumée noire, d'odeur désagréable.

On utilise pour les ornements de deuil une variété particulière de lignite assez dure pour être travaillée au tour, et qu'on désigne sous le nom de *jais naturel*.

174. La tourbe. — La tourbe est le résultat de la décomposition, par l'eau, de certains végétaux qui se rencontrent surtout dans les terrains marécageux, les mousses, les sphaignes, etc. Si la température ne dépasse pas 10° et si l'eau est limpide, ces plantes croissent d'abord avec vigueur, puis meurent du pied tandis que la partie supérieure continue de vivre. Les résidus s'entassent, et constituent des couches épaisses d'une matière brune qui est la *tourbe*. C'est une substance combustible lorsqu'elle est séchée; elle a un pouvoir antiseptique et absorbant considérable, aussi l'emploie-t-on comme désinfectant. Dans certaines régions, elle remplace la paille pour la litière des chevaux.

§ III. — CHARBONS ARTIFICIELS

175. Coke. — Le coke, résidu de la distillation de la houille ou de sa combustion incomplète, constitue un produit accessoire des usines à gaz et des fours à coke; il est poreux, terne, grisâtre, très léger. Comme la houille a perdu par la distillation la majeure partie de ses produits gazeux, le coke brûle presque sans flamme, en laissant dans les cendres les matières minérales qui se trouvaient dans le charbon de terre. Le coke produit beaucoup de chaleur en brûlant.

176. Charbon des cornues. — Le *charbon de cornue* est la croûte noire et dure qui incruste les parois intérieures des cornues servant à la distillation de la houille. Cette croûte peut atteindre une épaisseur de 15^{cm}. Le charbon de cornue est presque aussi lourd que le diamant; il conduit bien la chaleur et l'électricité, propriétés qui le font utiliser pour la confection des creusets infusibles et pour le montage des piles électriques.

177. Charbon de bois. — Le charbon de bois est le résidu de la combustion incomplète du bois, ou de sa calcination en vase clos; d'où deux manières de le préparer : le *procédé des meules* et la *distillation.*

Procédé des meules. — Ce procédé se pratique dans les forêts. On place des rondins de bois, d'à peu près 60^{cm} de long, serrés les uns contre les autres, autour de grandes perches qui forment une cheminée; on empile deux ou trois couches semblables, ce qui donne à l'ensemble la forme d'un dôme. Le tout est recouvert de feuilles sèches et de terre battue. On

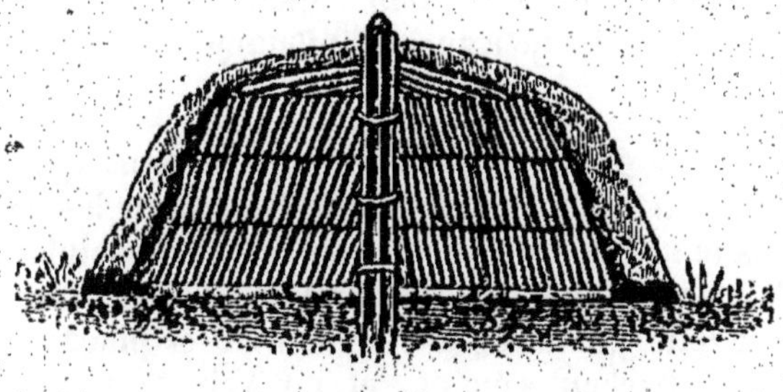

Fig. 67.
Meule pour la fabrication du charbon de bois, vue à l'intérieur.

allume le bois par la cheminée centrale, et on règle le tirage à l'aide d'ouvertures latérales, de façon que la combustion se propage successivement dans toute la meule (fig. 67 et 68):

Fig. 68. — Meule pour la fabrication du charbon de bois.

L'opération terminée, on bouche toutes les ouvertures et on laisse refroidir. Ce mode de préparation est expéditif, peu coûteux, mais tous les produits gazeux sont perdus; de plus, le rendement est très faible, il atteint à peine 20 %.

Procédé par distillation. — On chauffe le bois en vase clos. Des produits qui distillent, on extrait un grand nombre de composés organiques, tels que l'*acide acétique*, l'*alcool méthylique*, etc.

Le charbon obtenu par ce procédé est beaucoup plus homogène que celui des meules; aussi est-il employé dans la fabrication de la poudre. Le rendement en charbon est 27 %.

Propriétés. — Le charbon de bois est un corps noir, fragile, à cassure brillante. Sa conductibilité électrique et calorifique varie avec la température à laquelle le charbon a été obtenu. Préparé à 400°, il est mauvais conducteur de l'électricité et surtout de la chaleur; par conséquent, il s'enflamme facilement. Préparé vers 1200° ou 1500°, il est, au contraire, bon conducteur électrique et calorifique, et partant, sa température d'inflammation est plus élevée.

Pouvoir absorbant. — Une propriété particulièrement remarquable du charbon de bois est son grand pouvoir absorbant pour les gaz; pouvoir qui varie dans le même sens que le coefficient de solubilité des gaz dans l'eau. Si, par exemple, on introduit un charbon incandescent sous une éprouvette pleine de gaz ammoniac et placée sur la cuve à mercure, ce charbon s'éteint, et on voit le mercure monter dans l'éprouvette par suite de l'absorption du gaz (fig. 69). Exposé à l'air, le charbon de bois absorbe la vapeur d'eau et augmente de poids.

Fig. 69. — Absorption du gaz ammoniac par le charbon.
Un charbon incandescent, introduit sous une éprouvette
pleine de gaz ammoniac et placée sur la cuve à mercure,
absorbe le gaz, et le mercure monte dans l'éprouvette.

Usages. — Le charbon de bois est utilisé comme combustible, réducteur et désinfectant. On l'emploie en particulier pour filtrer les eaux destinées à la boisson ou à la préparation des aliments. Dans le traitement des minerais de fer par la méthode catalane, on se sert du charbon de bois, de préférence à d'autres combustibles.

Il entre dans la composition de certaines poudres, etc.

178. Noir de fumée. — Le noir de fumée est une poussière noire produite par la combustion incomplète des matières riches en carbone, comme les corps gras ou les substances résineuses. On le prépare en faisant passer la fumée dans une série de grandes

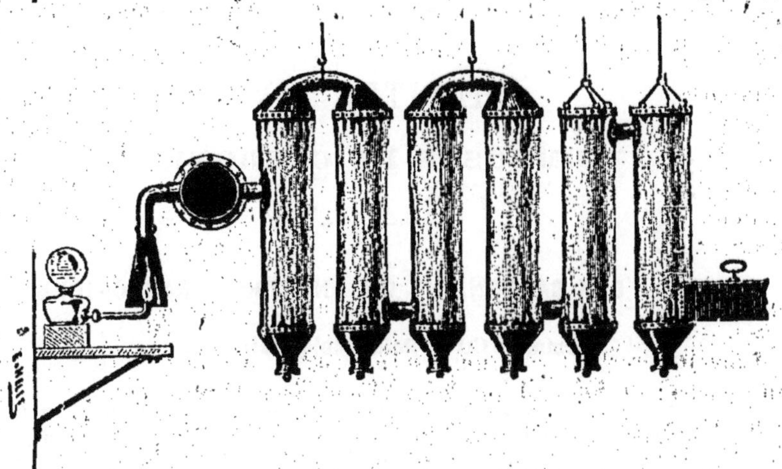

Fig. 70. — Préparation du noir de fumée.

chambres cylindriques, dont les parois sont tapissées de toiles grossières sur lesquelles il se dépose (fig. 70). Le noir le plus pur et le plus fin se dépose dans les dernières chambres.

Usages. — Le noir de fumée est une poussière noire, employée dans la peinture et pour la fabrication de l'encre de Chine et de l'encre d'imprimerie. Mélangé avec l'argile, le noir de fumée constitue la pâte dont on fait les crayons noirs des dessinateurs. Dans les laboratoires, on l'utilise comme réducteur.

179. Noir animal. — Le noir animal, ou *noir d'os*, résultat de la calcination des os en vase clos (fig. 71), n'est pas combustible; il a une couleur noire, est très poreux, et ne renferme guère que 12 % de carbone.

Sa propriété remarquable est de pouvoir retenir rapidement les substances dissoutes dans l'eau, et surtout les matières colorantes; aussi est-il employé pour décolorer les liquides, et pour le raffinage du sucre. Lorsque le noir a perdu sa propriété de décolorer, on peut la lui rendre en le soumettant à l'ébullition, avec de l'eau acidulée par l'acide chlorhydrique; puis en le calcinant au rouge. Le noir animal est un engrais estimé.

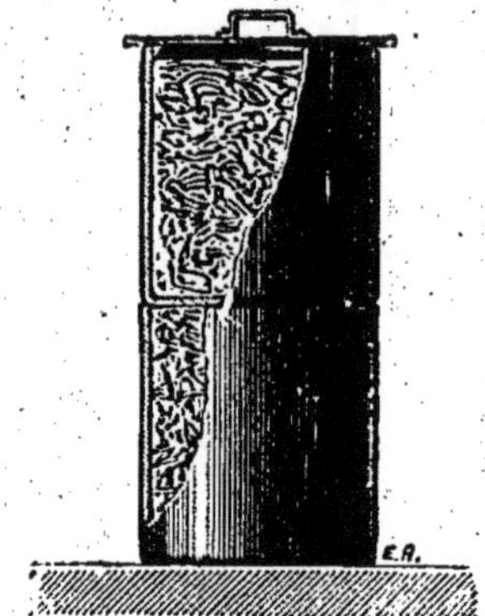

Fig. 71.
Vases pour la calcination des os.

CHAPITRE XIV
COMPOSÉS DU CARBONE

§ I. — GAZ CARBONIQUE OU ANHYDRIDE CARBONIQUE

Formule : CO_2.   Poids moléculaire : 44.

180. Historique. — Le gaz carbonique fut découvert, en 1648, par *Van Helmont*, chimiste belge, qui l'appela *air crayeux*, parce que ce gaz se dégage dans la calcination de la craie. Sa composition fut établie à peu près un siècle plus tard par *Lavoisier*, qui lui donna le nom impropre d'*acide carbonique*. Le véritable acide carbonique, CO_3H_2, auquel correspondent les carbonates, n'a pas encore été isolé. Le corps CO_2 n'est qu'un anhydride, dont MM. Dumas et Stas firent l'analyse exacte, en 1840.

181. État naturel. — Le gaz carbonique est très répandu dans la nature. Il existe à l'état libre dans l'air atmosphérique, et à l'état de carbonate de calcium dans la croûte terrestre.

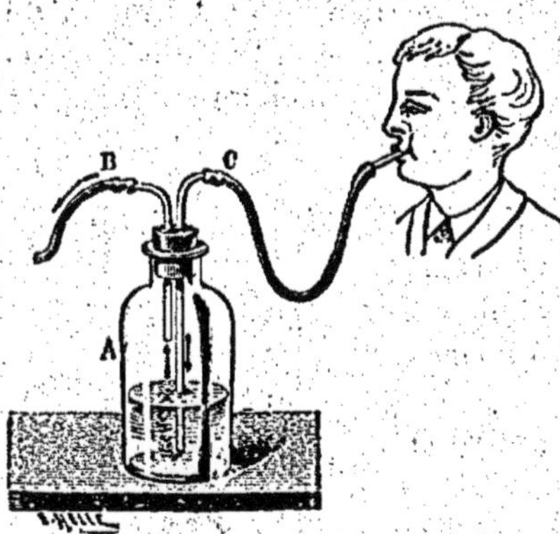

Fig. 72.

Constatation de la présence du gaz carbonique dans l'air sortant des poumons.

L'air chassé des poumons traverse de l'eau de chaux, contenue dans le flacon A ; il y produit un précipité blanc de carbonate de calcium.

Les combustions, la respiration, les décompositions, les volcans, etc., sont autant de sources permanentes de gaz carbonique. Il est facile d'établir expérimentalement que la respiration de l'homme et des animaux produit ce gaz. Si l'on fait passer l'air chassé des poumons dans un vase contenant de l'eau de chaux, le liquide est troublé, par suite de la formation du carbonate de calcium insoluble (fig. 72).

Si, malgré cette production considérable de gaz carbonique, sa proportion dans l'air reste constante, cela tient à l'action des parties vertes des plantes, qui absorbent ce gaz sous l'influence de la lumière solaire.

182. Préparations. — **1° Préparation de laboratoire.** — Dans les laboratoires, on prépare le gaz carbonique en décomposant le carbonate de calcium par l'acide chlorhydrique. On a :

$$CO^3Ca + 2HCl = CaCl^2 + CO^2 + H^2O.$$

Carbonate   Acide   Chlorure   Anhydride   Eau.
de calcium.   chlorhydrique.   de calcium.   carbonique.

Pour réaliser cette réaction, on verse peu à peu, par un tube à entonnoir, de l'acide chlorhydrique dans un appareil à hydrogène où l'on a introduit au préalable du marbre ou de la craie avec un peu d'eau. Le gaz qui se dégage est recueilli, et le liquide du flacon retient le chlorure de calcium qui s'est formé pendant l'expérience.

2° Préparation industrielle. — *a)* Dans l'industrie, l'appareil à hydrogène est remplacé par de grands récipients en plomb. On traite la craie par l'acide sulfurique, et l'on a soin de brasser constamment le mélange par des agitateurs mécaniques. Sans cette précaution, le sulfate de calcium formé dans la réaction se déposerait à la surface de la craie, et empêcherait l'attaque du carbonate non décomposé.

$$CO^3Ca + SO^4H^2 = SO^4Ca + H^2O + CO^2.$$

Carbonate   Acide   Sulfate   Eau.   Anhydride
de calcium.   sulfurique.   de calcium.   carbonique.

b) On peut encore décomposer le carbonate de calcium par la chaleur et recueillir les gaz qui se dégagent. On obtient ainsi à la fois le gaz carbonique et la chaux :

$$CO^3Ca = CaO + CO^2.$$

Carbonate de calcium.   Chaux.   Anhydride carbonique.

3° Production continue. — Dans les laboratoires, on prépare le gaz carbonique avec *l'appareil de Deville;* il se compose de deux flacons de même volume réunis à leur partie inférieure par un tube de caoutchouc épais (fig. 73). L'un des deux renferme du marbre, placé sur une couche de verre pilé; l'autre contient de l'acide chlorhydrique étendu. Si on soulève ce dernier, l'acide monte dans le premier flacon, décompose le marbre et dégage du gaz carbonique. Si la pression de l'anhydride est trop forte, l'acide est refoulé, et la production de gaz

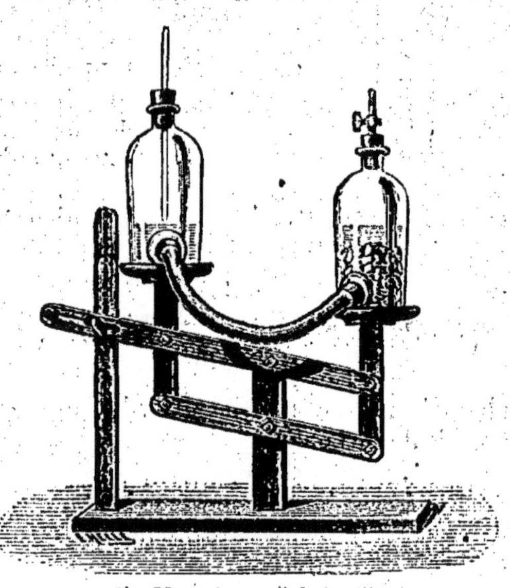

Fig. 73. — Appareil de Deville pour la production continue du gaz carbonique.

s'arrête; si, au contraire, la pression diminue pour une cause quelconque, l'acide chlorhydrique attaque une nouvelle quantité de marbre.

183. Propriétés physiques. — L'anhydride carbonique est un gaz incolore, d'une odeur légèrement piquante, d'une saveur aigrelette. Il est très lourd : sa densité est 1,520. L'eau en dissout à peu près son volume à la température ordinaire et sous la pression de 76^{cm}. Cette solubilité est proportionnelle à la pression. L'eau ainsi chargée de ce gaz peut dissoudre une certaine quantité de carbonate de calcium, qu'elle laisse déposer dès que le gaz carbonique est chassé. Ce fait explique la formation des stalactites et stalagmites, l'action des fontaines incrustantes; le trouble de l'eau carbonatée, quand on la chauffe à l'ébullition.

Par la compression dans des réservoirs entourés de mélanges

réfrigérants, le gaz carbonique se transforme facilement en un liquide dont la température critique est 31°, et la pression critique 77 atmosphères. L'anhydride carbonique liquide bout à — 79°, sous la pression de 76cm.

184. Propriétés chimiques. — Le gaz carbonique n'est ni comburant ni combustible. Si on débouche une éprouvette pleine de ce gaz au-dessus d'une bougie allumée, celle-ci s'éteint (fig. 74).

Action des réducteurs. — A une température élevée, l'*hydrogène* et le *carbone* lui enlèvent de l'oxygène et le transforment en oxyde de carbone. Ainsi un courant de gaz carbonique passant sur des charbons chauffés au rouge, dans un tube en porcelaine (fig. 75), dégage de l'oxyde de carbone :

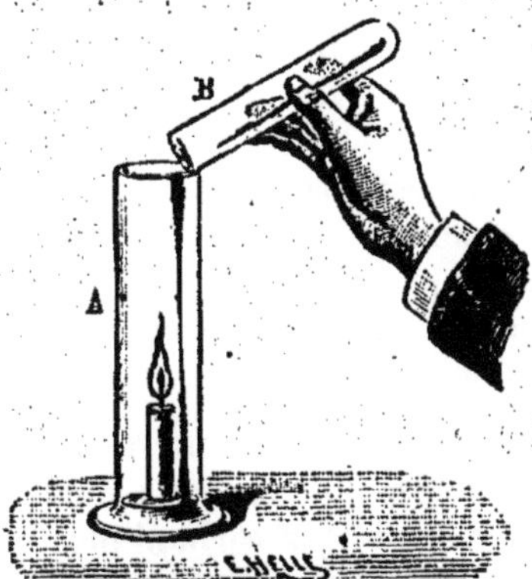

Fig. 74. — Action du gaz carbonique sur une flamme.

Le gaz carbonique contenu dans l'éprouvette B se déverse dans l'éprouvette A, et éteint la bougie allumée.

$$CO^2 + C = 2CO.$$

Anhydride   Carbone.   Oxyde
carbonique.   de carbone.

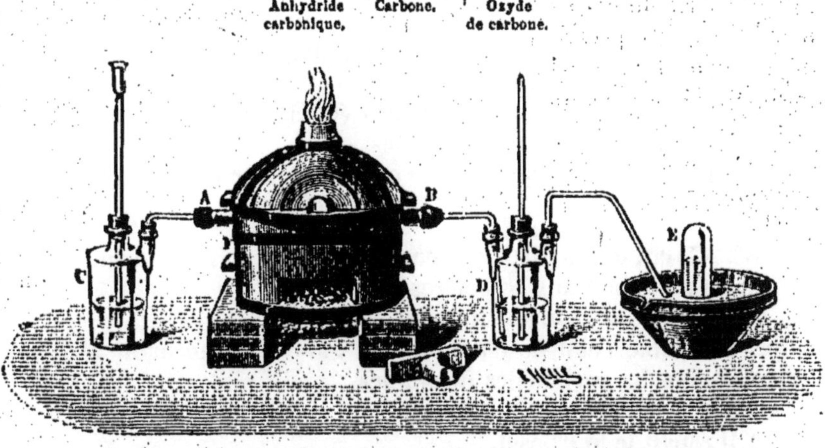

Fig. 75. — Décomposition du gaz carbonique par le charbon au rouge.

Le gaz carbonique, produit en C, est mis en contact dans le tube AB avec du charbon chauffé au rouge; il se transforme en oxyde de carbone qu'on recueille en E.

Avec les métaux *alcalins*, la réduction est encore plus complète;

avec le potassium, on obtient du carbonate de potassium et un dépôt de charbon :

$$3CO^2 \ + \ 2K^2 \ = \ 2CO^3K^2 \ + \ C.$$

Anhydride   Potassium.   Carbonate   Carbone.
carbonique.   de potassium.

On réalise cette réaction en faisant passer un courant de gaz carbonique sur un fragment de potassium chauffé.

Un fragment de *magnésium* enflammé, introduit dans une éprouvette pleine de gaz carbonique, décompose ce gaz. Il se produit de la magnésie et un dépôt de charbon.

Action sur les hydrates. — Les hydrates des métaux *alcalins* absorbent le gaz carbonique, en formant des carbonates solubles. L'eau de *chaux* ou de *baryte* fixe également le gaz carbonique, en donnant naissance à un trouble qui est du carbonate insoluble.

Action sur l'organisme. — Le gaz carbonique n'entretient pas la respiration; il peut déterminer par asphyxie la mort d'un chien, lorsqu'il atteint une proportion de 30 % dans l'atmosphère. Claude Bernard [1] a démontré que, dans ce cas, l'asphyxie est occasionnée par l'accumulation de l'anhydride carbonique dans le sang.

185. Usages. — L'industrie emploie le gaz carbonique pour préparer la céruse, le bicarbonate de sodium, l'acide salicylique, l'eau de Seltz, qui est une simple dissolution de gaz carbonique dans l'eau. La mousse, le pétillement, la saveur aigrelette des boissons gazeuses, *bière, limonade, vin de Champagne,* etc., sont dus au gaz carbonique qu'elles renferment.

La fabrication des soudes par le procédé Solway et celle des sucres en consomment de grandes quantités.

L'anhydride carbonique liquide est utilisé pour produire de grands froids.

186. Caractères du gaz carbonique. — L'anhydride carbonique se reconnaît aux caractères suivants :

1º Il éteint une bougie allumée.

2º Il trouble l'eau de chaux ou de baryte, en formant avec ces dissolutions des carbonates insolubles.

3º Il est absorbé par la potasse.

4º Il rougit le tournesol.

---

[1] CLAUDE BERNARD, savant physiologiste français, membre de l'Institut, créateur de la physiologie expérimentale. Il prouva la production du sucre, par le foie, chez tous les animaux. (1813-1878).

II. — OXYDE DE CARBONE

Formule : CO. Poids moléculaire : 28.

187. Production. — L'oxyde de carbone se produit dans la combustion du carbone, en présence d'une quantité insuffisante d'oxygène, dans la réduction par le charbon du gaz carbonique, et des oxydes métalliques difficilement réductibles; dans la décomposition de certains acides organiques par l'acide sulfurique; dans celle de l'eau, par un charbon incandescent, etc.

188. Préparation. — *On prépare l'oxyde de carbone en décomposant par la chaleur l'acide oxalique en présence de l'acide sulfurique.* Il se produit de l'oxyde de carbone, du gaz carbonique et de l'eau. La réaction est la suivante :

$$C^2O^4H^2 = CO + CO^2 + H^2O.$$

Acide   Oxyde   Anhydride   Eau.
oxalique.   de carbone. carbonique.

L'opération se fait dans un ballon en verre. L'acide sulfurique retient l'eau : les gaz qui se dégagent traversent un flacon laveur

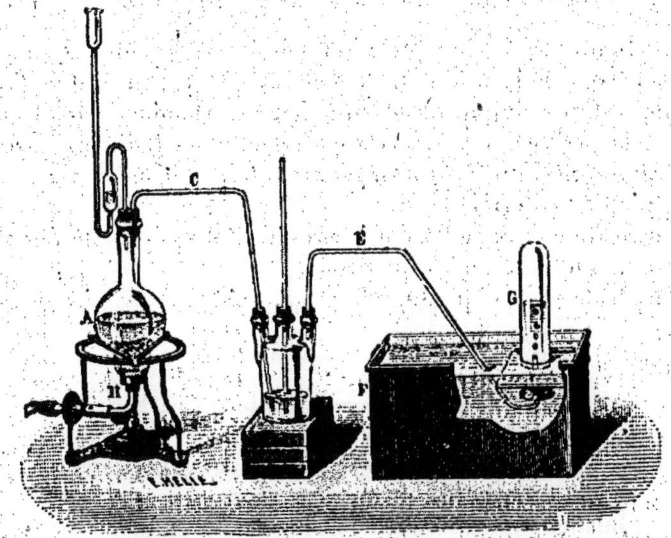

Fig. 76. — Préparation de l'oxyde de carbone.
On attaque dans le ballon A l'acide oxalique par l'acide sulfurique à chaud; il se dégage un mélange d'oxyde de carbone et d'anhydride carbonique. Un flacon à potasse retient le gaz carbonique; l'oxyde de carbone se rend, par le tube E, dans l'éprouvette G placée sur la cuve à eau.

contenant de la potasse, qui retient le gaz carbonique, et l'oxyde de carbone est recueilli sur la cuve à eau (fig. 76).

189. Propriétés physiques. — L'oxyde de carbone est un gaz incolore, inodore, sans saveur, de densité 0,967. Son coefficient de solubilité dans l'eau est 0,035, à 0° et sous la pression normale; ce gaz est très soluble dans la dissolution ammoniacale de chlorure cuivreux. Il a pu être transformé en un liquide bouillant à — 190°, sous la pression de 76^{cm}. On l'a même solidifié.

190. Propriétés chimiques. — La propriété chimique caractéristique de l'oxyde de carbone est sa facilité de s'unir directement à un grand nombre d'autres corps.

Cette propriété s'explique aisément. En effet, le carbone est tétravalent (C≡) et l'oxygène bivalent (O=); par conséquent, dans le groupement CO, deux seulement des valences du carbone sont saturées par l'oxygène, les deux autres restent libres (=C=O). On admet qu'elles se saturent entre elles, mais cette saturation est très instable; sous les influences les plus légères, les deux valences redeviennent libres et se saturent en fixant les corps avec lesquels elles sont en contact. L'oxyde de carbone joue le rôle d'un radical bivalent, pouvant fixer un atome d'un corps bivalent ou 2 atomes d'un corps monovalent.

Ce gaz brûle à l'air, avec une flamme bleue, en fixant de l'oxygène et en se transformant en gaz carbonique :

$$CO + O = CO^2.$$

Oxyde   Oxygène.   Anhydride
de carbone.   carbonique.

Action sur les oxydes. — Tous les oxydes métalliques dont la formation dégage moins de chaleur que celle que dégage la combinaison de CO avec O, sont directement réduits par l'oxyde de carbone.

$$CO + CuO = CO^2 + Cu$$

Oxyde   Oxyde   Anhydride   Cuivre.
de carbone. de cuivre. carbonique.

$$3CO + F^2O^3 = 3CO^2 + Fe^2.$$

Oxyde   Oxyde   Anhydride   Fer.
de carbone. ferrique. carbonique.

191. Action physiologique. — L'oxyde de carbone est délétère et d'autant plus dangereux, que sa présence ne se révèle par aucune odeur. Il forme avec l'*hémoglobine* du sang une combinaison stable, qui empêche l'oxygène de pénétrer dans le sang; par conséquent la combustion, qui est l'origine de la chaleur animale, se trouve arrêtée.

La persistance des effets toxiques de l'oxyde de carbone impose certaines précautions, pour empêcher ce gaz de se répandre dans les appartements. Ainsi, il faut éviter d'allumer du charbon dans une cheminée dont le tirage est insuffisant; à plus forte raison, faut-il proscrire des chambres habitées les réchauds, braseros, etc. On est averti de la présence de l'oxyde de carbone par les vertiges et les maux de tête. Une ventilation énergique est alors nécessaire.

192. Usages. — L'industrie emploie l'oxyde de carbone comme réducteur pour les minerais et comme combustible. Les fours métallurgiques sont fréquemment chauffés avec ce gaz, qu'on prépare dans des gazogènes spéciaux, en faisant passer de l'air sur une épaisse couche de coke ou d'autre charbon en incandescence.

§ III. — SULFURE DE CARBONE

Formule : CS², Poids moléculaire : 76.

193. Préparation. — *On combine directement le soufre avec le carbone au rouge.*

La réaction est la suivante :

$$\underset{\text{Carbone.}}{C} + \underset{\text{Soufre.}}{S^2} = \underset{\substack{\text{Sulfure} \\ \text{de carbone.}}}{CS^2.}$$

Pour la réaliser dans les laboratoires, on met du charbon dans une cornue en grès (fig. 77), que l'on porte au rouge ; on y introduit ensuite, peu à peu, des fragments de soufre. Celui-ci fond, puis se volatilise ; les vapeurs, en passant sur le charbon, produisent du sulfure de carbone, qui se dégage par une allonge, où il se condense déjà partiellement. Le liquide obtenu va se rassembler, avec les vapeurs de CS² non condensées, sous l'eau contenue dans un flacon.

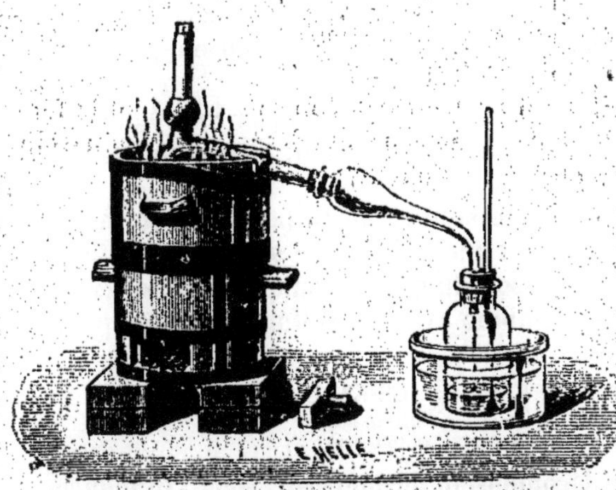

Fig. 77. — Préparation du sulfure de carbone.

On pourrait remplacer la cornue par un tube en porcelaine légèrement incliné, et l'on introduirait le soufre dans ce tube par l'extrémité libre fermée à l'aide d'un bouchon.

Dans l'industrie, on emploie des cornues en fonte, munies de double fond, et disposées par quatre dans un même foyer. Chacune de ces cornues est munie d'un tube destiné à l'introduction du soufre, d'une ouverture de chargement pour le charbon, et d'un tube à dégagement pour le sulfure de carbone qui va se condenser dans de grandes cuves, sous l'eau.

194. Propriétés physiques. — Le sulfure de carbone est un liquide incolore, très mobile, d'une odeur fétide quand il est impur, bouillant à 46° et produisant par son évaporation rapide un froid qui peut aller jusqu'à — 60°, soluble dans l'alcool et l'éther, mais insoluble dans l'eau. Le sulfure de carbone est un corps neutre. C'est un dissolvant très employé; il dissout en particulier le phosphore, l'iode, le soufre, le caoutchouc, les matières grasses. Sa densité est 1,293.

195. Propriétés chimiques. — La lumière solaire décompose lentement et partiellement le sulfure de carbone CS^2, et le transforme en protosulfure CS.

La vapeur de sulfure de carbone s'enflamme facilement dans l'air, en produisant de l'anhydride sulfureux et de l'anhydride carbonique :

$$CS^2 \ + \ 6O \ = \ 2S^2 \ + \ CO^2.$$

Sulfure   Oxygène.   Soufre.   Anhydride
de carbone,   carbonique.

Le sulfure de carbone peut former avec l'air un mélange détonant. Aussi faut-il manier ce corps avec précaution en présence d'une flamme, et autant que possible en plein air.

Si l'on expose à l'air humide une feuille de papier imprégnée de sulfure de carbone, il se forme un hydrate ayant pour composition $2CS^2, 3H^2O$.

A la température du rouge, le sulfure de carbone transforme la plupart des métaux et des oxydes métalliques en sulfures, et laisse comme résidu soit du carbone, soit du gaz carbonique qui se dégage.

Le sulfure de carbone se combine avec les sulfures alcalins, pour former des sulfocarbonates :

$$CS^2 \ + \ K^2S \ = \ CS^3K^2.$$

Sulfure   Sulfure   Sulfocarbonate
de carbone,   de potassium.   de potassium,

Ces sulfocarbonates se décomposent de nouveau, sous l'influence de la chaleur, en sulfure de carbone et en sulfures alcalins. Si on chauffe, par exemple, du sulfocarbonate de potassium, on a la réaction :

$$CS^3K^2 \ = \ CS^2 \ + \ K^2S,$$

Sulfocarbonate   Sulfure   Sulfure
de potassium.   de carbone.   de potassium,

196. Usages. — L'industrie utilise surtout les propriétés dissolvantes et toxiques du sulfure de carbone. Ce corps est employé pour séparer, par la dissolution, le phosphore ordinaire du phosphore rouge, pour *vulcaniser* le caoutchouc, c'est-à-dire le combiner avec un peu de soufre. A cet effet, on chauffe le caoutchouc, après l'avoir trempé dans du sulfure de carbone ayant dissous des parties égales de soufre et de chlorure de soufre.

C'est le dissolvant ordinaire des matières grasses. On l'emploie avec avantage à l'état de sulfocarbonate de potassium, CS^3K^2, pour détruire les insectes qui s'attaquent à la vigne, et notamment le *phylloxera*.

CHAPITRE XV

SILICE OU ANHYDRIDE SILICIQUE ET VERRES

§ I. — SILICE

Formule : SiO^2. Poids moléculaire : 60.

197. État naturel. — La silice, très abondante dans la nature, existe : 1° A l'état de *dissolution* dans les eaux courantes chargées de gaz carbonique, et dans l'eau des *geysers* d'Islande.

2° A l'état *cristallisé*, dans les quartz, dont le plus pur est le *quartz hyalin* ou *cristal de roche*, qui se présente en beaux cristaux limpides et incolores. Quelquefois ces cristaux sont colorés par des traces d'oxydes métalliques, tels sont : l'*améthyste* ou *quartz violet*, la *fausse topaze* ou *quartz jaune*, le *rubis de Bohême* ou *quartz rose*, etc. Les *agates*, la *cornaline*, etc., sont des variétés de quartz diversement colorées.

3° A l'état de *combinaison*, la silice entre dans la constitution d'un grand nombre de roches, comme le feldspath, le mica, l'argile, le talc, l'amiante, etc.

La *pierre meulière*, le *silex*, le *sable siliceux*, sont en grande partie formés de silice.

198. Préparation. — On prépare la silice pure, en traitant la dissolution aqueuse de silicate de potassium ou de sodium par l'acide chlorhydrique.

$$SiO^3Na^2 + 2HCl = 2NaCl + SiO^2 + H^2O.$$

Silicate Acide Chlorure Anhydride Eau.
de sodium. chlorhydrique. de sodium. silicique.

Mode opératoire. — Dans un vase contenant la solution de silicate, par exemple du silicate de sodium, on verse peu à peu de l'acide chlorhydrique, en ayant soin de remuer; il se forme un précipité gélatineux de silice hydratée, qu'on recueille pour le laver et le calciner. Cette opération lui fait perdre son eau, et le transforme en une matière pulvérulente qui est de la silice pure, correspondant à la formule SiO^2.

199. **Propriétés physiques.** — La silice ainsi préparée est une poudre blanche, amorphe, inodore et insipide; sa densité varie entre 2,6 et 2,2. Elle est insoluble dans l'eau. La silice gélatineuse est un peu soluble dans l'eau, les acides étendus et les alcalis.

L'anhydride silicique ne fond qu'à une température très élevée, comme celle du chalumeau à gaz oxhydrique.

200. **Propriétés chimiques.** — Le silicium est un élément tétravalent. Par conséquent, l'acide silicique normal serait :

$$\mathrm{Si}\begin{cases}\!-OH\\-OH\\-OH\\-OH\end{cases} \quad ou \quad SiO^4H^4.$$

Mais cet acide est encore inconnu.

On en connaît un anhydride provenant de l'acide normal par perte d'une molécule d'eau :

$$\mathrm{Si}\begin{cases}\!-OH\\-OH\\-OH\\-OH\end{cases}\!\!-H^2O = \mathrm{Si}\begin{cases}\!\!=O\\-OH\\-OH\end{cases} \quad ou \quad SiO^3H^2.$$

C'est à cet anhydride que correspondent les silicates de calcium SiO^3Ca, et de magnésium SiO^3Mg, qu'on rencontre dans la nature.

Mais la plupart des silicates naturels correspondent à des anhydrides provenant de l'union de 2, 3, 4... molécules d'acide ayant perdu 1, 2, 3... molécules d'eau.

La silice est attaquée par l'acide fluorhydrique, et donne du fluorure de silicium $SiFl^4$:

$$\mathrm{Si}\begin{cases}\!=O\\=O\end{cases} + 4HFl = \mathrm{Si}\begin{cases}\!-Fl\\-Fl\\-Fl\\-Fl\end{cases} + 2H^2O.$$

Mais elle résiste à l'action des autres acides.

Elle se combine aux alcalis à la température du rouge, en formant des silicates alcalins solubles.

Un mélange de sable et de carbonate de sodium donne par fusion le silicate de sodium soluble dans l'eau. C'est le point de départ de la préparation de la silice pure.

Un courant de *chlore*, passant sur un mélange de charbon et de silice, réagit sur cet anhydride et forme du chlorure de silicium $SiCl^4$. Le charbon employé seul n'a pas d'action sur l'anhydride silicique.

201. Usages. — Le quartz est utilisé pour fabriquer les verres destinés aux instruments d'optique. Les variétés colorées, telles que le *jaspe*, l'*agate*, l'*opale*, sont employées en joaillerie.

Les pavés des rues, ainsi que les meules à aiguiser, sont ordinairement en grès. La pierre meulière sert à fabriquer les meules de moulin. Les sables entrent dans la composition de tous les verres, et aussi dans celle des mortiers et des ciments.

§ II. — VERRES

202. — *Les verres sont des substances transparentes, dures, douées d'un éclat particulier appelé vitreux, à peu près inattaquables par l'eau et les acides, excepté toutefois l'acide fluorhydrique.*

Quant à leur composition chimique, ce sont des combinaisons de silicates alcalins, avec des silicates alcalino-terreux ou avec du silicate de plomb.

Classification des verres. — Il y a plusieurs espèces de verres qui sont différenciées par leur composition et leurs propriétés.

1° *Les verres ordinaires*, combinaison d'un silicate alcalin et de silicate de calcium.

2° *Le cristal*, verre à base de potasse et de plomb.

203. Verres ordinaires. — Dans les verres *ordinaires*, on distingue : ceux à base de *potasse et de chaux*, et ceux à base de *soude et de chaux*.

Verres à base de soude et de chaux. — Dans la catégorie des verres à base de soude et de chaux entrent : 1° le *verre à vitre*, obtenu par la fusion d'un mélange de sable siliceux, de craie blanche et de carbonate de sodium, en proportions convenables ; 2° le *verre à bouteille*, dans la composition duquel entrent de l'*argile marneuse* et du *sable ferrugineux*; de plus, on peut y remplacer le *carbonate de sodium* par le *sulfate*; 3° le *verre à glace* et la *gobeletterie* *commune :* ce verre se rapproche du verre à vitre par sa composition, mais il renferme moins de chaux.

Verres à base de potasse et de chaux. — Dans le groupe des verres à base de potasse et de chaux, on distingue : 1° le *verre de Bohême*, qui diffère du verre à vitre par la substitution du *carbonate de potassium* à celui de *sodium*, et par les proportions des composants; 2° le *crown-glass*, renfermant plus de potasse que le verre de Bohême.

Cristaux. — Le cristal résulte de la fusion du sable pur avec du minium, Pb^3O^4, et du carbonate de potassium. Les proportions varient suivant qu'on veut obtenir : le *flint-glass*, qui est plus riche en plomb, ou le *strass*, dans lequel la proportion de plomb est encore augmentée.

Si l'on ajoute du bioxyde d'étain au mélange destiné à former le cristal, on obtient un corps opaque appelé *émail*.

204. Fabrication du verre. — Dans la fabrication du verre, la température des fours varie entre 1000 et 1200°. On ajoute presque toujours, au mélange des matières à fondre, des débris d'un verre semblable à celui qu'on veut préparer.

1° Ce mélange est d'abord soumis à la *fritte*, opération consistant à faire éprouver aux substances terreuses et salines un commencement de fusion.

La matière frittée est ensuite chauffée au rouge vif, dans des creusets en terre réfractaire s'ouvrant à l'extérieur du four, mais bouchés pendant la fusion (fig. 78).

Les impuretés viennent à la surface sous forme d'écume qu'on enlève au fur et à mesure qu'elle se forme.

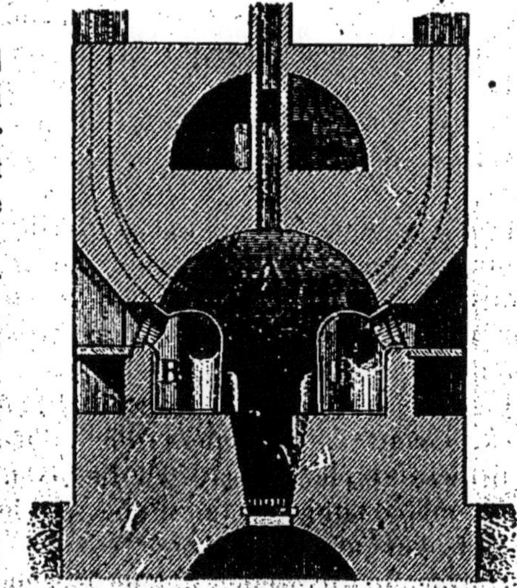

Fig. 78. — Four A, avec creusets en terre réfractaire B, B, destinés à fondre le verre.

2° Lorsqu'on chauffe à l'aide des gaz chauds, on n'a pas à craindre la coloration du verre par les fumées. Les creusets sont alors remplacés par des cuvettes communiquant entre elles par leur partie inférieure. Dans le *four Siemens*, construit sur ce principe, on a trois cuvettes à la suite l'une de l'autre.

On introduit le mélange dans la première; à mesure que le verre se liquéfie, il gagne le fond et passe dans la deuxième, où la température est plus élevée, d'où il passe finalement dans la troisième, appelée cuvette de travail, et dans laquelle on le puise à l'aide d'une canne creuse.

Dès que le verre fondu a perdu de sa fluidité, l'ouvrier le travaille soit par le *soufflage*, soit par le *moulage*, soit par les deux procédés à la fois.

Pour les glaces on emploie le *coulage*. On coule le verre fondu sur une table en bronze chauffée, on l'étend avec un rouleau. Il est ensuite soumis au *recuit*, opération consistant à le porter au rouge sombre, dans un four où il met vingt-quatre heures pour se refroidir. Puis on le polit au colcothar. Pour les bouteilles, on emploie à la fois le soufflage et le moulage. Aujourd'hui une soufflerie mécanique remplace, dans beaucoup de cas, le soufflage à la canne.

205. Propriétés du verre. — Le verre est un corps transparent, très dur, cassant, dont la densité varie, suivant la nature spéciale du verre, entre 2 et 4.

Les verres ordinaires se dévitrifient, c'est-à-dire perdent leur éclat transparent, si on les maintient pendant quelque temps dans le voisinage de leur température de fusion.

Lorsque le verre fondu se refroidit lentement, il passe par tous les degrés de viscosité, jusqu'à la solidification complète. C'est ce qui permet de le travailler et de lui donner des formes variées.

Si le verre, fortement chauffé, est soumis à un refroidissement brusque et superficiel, il se brise facilement; la rupture est due à la mauvaise conductibilité calorifique de ce corps. Mais si le refroidissement brusque a lieu pour *toute la masse* du verre, celui-ci devient dur, résiste mieux au choc et aux variations de température; on dit alors qu'il est *trempé*.

Le verre est altéré à la longue par l'air humide; les vitres des édifices anciens en présentent une preuve. L'eau bouillante attaque également un peu le verre, en dissolvant de l'alcali; on constate, en effet, que ce liquide acquiert une réaction alcaline, lorsqu'on l'a fait bouillir dans un vase en verre.

L'acide fluorhydrique attaque fortement le verre. Cette propriété est utilisée pour la gravure sur verre, la graduation des tubes, des flacons, etc. Les alcalis ne l'attaquent que légèrement.

Larmes bataviques. — Les larmes bataviques sont obtenues en laissant tomber dans de l'eau froide des gouttes de verre fondu. Les parties superficielles se refroidissent subitement, tandis que les parties intérieures restent écartées d'une façon tout à fait anormale. Il en résulte un équilibre instable qui est détruit dès que l'on modifie l'état de l'enveloppe extérieure. Si donc on brise la pointe qui termine la larme, sa masse entière se réduit aussitôt en poudre.

206. Usages. — On utilise la transparence du verre dans les vitres et les instruments d'optique; son pouvoir réfléchissant dans les glaces; la réfringence dans les prismes; l'inaltérabilité dans la confection des vases destinés à renfermer les liquides qui attaquent les métaux.

CHAPITRE XVI
ACIDE BORIQUE ET BORAX

§ I. — ACIDE BORIQUE

Formule : BO^3H^3, Poids moléculaire : 62.

207. État naturel. — L'acide borique se trouve à l'état libre dans les gaz des volcans, en dissolution dans les eaux de certains lacs de la Toscane; il se rencontre aussi combiné avec le calcium, le sodium, le magnésium, etc. Ainsi le borate de sodium existe dans les eaux de plusieurs stations thermales : Wiesbaden, Aix-la-Chapelle, Barèges, Cauterets, Vichy...

208. Préparations. — **1° Préparation de laboratoire.** — Dans les laboratoires, on décompose une dissolution bouillante de *borax* (*borate de sodium*) $B^4O^7Na^2 + 10H^2O$, par de l'acide chlorhydrique, qu'on ajoute progressivement; il se forme du chlorure de sodium, et l'acide borique est mis en liberté. On constate que la réaction est terminée lorsqu'un papier de tournesol bleu, introduit dans la dissolution, prend une teinte rouge intense; à ce moment, l'acide chlo rhydrique reste indécomposé.

L'acide borique cristallise par refroidissement; il est donc facile de le séparer du chlorure de sodium qui reste dans la dissolution.

2° Préparation industrielle. — Dans l'industrie, on part souvent des borates naturels, comme les borates de calcium ou de magnésium qu'on transforme à l'aide du carbonate de sodium en borax que l'on traite comme précédemment.

L'acide borique se retire de l'eau des *lagoni*, bassins artificiels, disposés autour des *suffioni*, jets de gaz ou de vapeurs qui se dégagent du sol, dans plusieurs localités de la Toscane. Cette eau dissout l'acide borique et les autres sels solubles contenus dans les vapeurs des suffioni. On la débarrasse des matières étrangères, et on l'évapore en utilisant la chaleur des suffioni non exploités.

209. Propriétés physiques. — L'acide borique se présente en lamelles brillantes, nacrées, contenant presque la moitié de leur poids d'eau (exactement 45,5 $^o/_o$). Cette proportion d'eau diminue sous l'action de la chaleur ; la densité de ce corps doit donc varier avec la température, elle est 1,54 à 0°.

Cet acide est faiblement soluble dans l'eau froide ; mais son coefficient de solubilité s'élève notablement avec la température.

Ses meilleurs dissolvants sont l'alcool ordinaire, et surtout l'esprit de bois, dont la flamme est colorée par l'acide borique en un *vert* caractéristique.

Si l'on fait bouillir la dissolution aqueuse de cet acide, une petite partie se trouve entraînée par les vapeurs d'eau.

210. Propriétés chimiques. — L'acide borique est faible ; presque tous les acides le déplacent de ses dissolutions salines. Il colore la teinture bleue de tournesol en rouge vineux, et brunit le papier jaune de curcuma. Ce dernier caractère appartient aux alcalis.

Si l'on chauffe l'acide borique, il fond, perd peu à peu son eau ; au rouge sombre, il subit la fusion ignée et donne par refroidissement une substance vitreuse répondant à la formule B^2O^3, c'est l'*anhydride borique* ; 2 molécules d'acide ont perdu 3 molécules d'eau :

$$B\diagdown\begin{vmatrix} OH \\ OH \\ OH \\ OH \\ OH \\ OH \end{vmatrix}B\diagup - 3H^2O = \begin{array}{l} B = O \\ B = O \end{array}\!\!> O = B^2O^3.$$

Un seul métalloïde, le *carbone*, peut décomposer cet anhydride à la température du four électrique. Le résidu est du *borure de carbone*, B^6C.

Le *potassium*, le *sodium* et le *magnésium* enlèvent à l'anhydride borique son oxygène, et mettent le *bore* en liberté.

Une propriété importante de l'anhydride borique fondu, c'est sa facilité de dissoudre un bon nombre d'oxydes métalliques, et de former en se refroidissant des perles vitreuses dont la couleur varie avec la nature de l'oxyde dissous.

211. Usages. — La médecine utilise le pouvoir antiseptique de l'acide borique dans le pansement des plaies, dans le traitement des maladies de la peau, etc. La couleur des perles vitreuses est utilisée dans les analyses par voie sèche.

L'industrie s'en sert pour arrêter les fermentations, pour préparer le borax, les émaux, certains verres spéciaux. L'acide borique est aussi employé comme fondant, pour la soudure des métaux.

Pour faire courber les mèches des bougies, on les trempe dans un mélange formé par une solution d'acide borique, additionnée d'acide sulfurique. Il se forme, par le fait de l'action de l'acide borique sur les cendres, une petite perle vitreuse qui facilite la combustion complète de la mèche.

§ II. — BORAX OU TÉTRABORATE DE SODIUM

Formule : $B^4O^7Na^2 + 10H^2O$. Poids moléculaire : 382.

212. Préparation. — 1° Pour préparer le borax *naturel*, on évapore les eaux de certains lacs de l'Asie, et il se dépose en cristaux.

2° Pour préparer le borax *artificiel*, on concentre jusqu'à 30° B, dans une cuve en bois doublé de plomb, un mélange d'acide borique, d'eau et de carbonate de sodium. Par refroidissement, le liquide abandonne au-dessous de 50° des cristaux répondant à la formule $B^4O^7Na^2 + 10H^2O$; et au-dessus de 50°, des cristaux dont la formule est $B^4O^7Na^2 + 5H^2O$.

213. Propriétés. — Le borax est un corps solide et dimorphe. La forme des cristaux dépend du degré d'hydratation, et par suite de la température de la cristallisation. Au-dessous de 50°, on a le borax *naturel*, qui se présente sous forme de cristaux *clinorhombiques*. Le borax *artificiel*, qui se dépose au-dessus de 50°, est cristallisé en *octaèdres réguliers*.

La densité du borax naturel est 1,7; celle du borax artificiel est 1,81.

L'eau froide dissout à peu près $\frac{1}{17}$ de son poids de borax; l'eau bouillante en dissout environ $\frac{1}{2}$. Si on chauffe le borax, il fond dans son eau de cristallisation, puis peu à peu les cristaux se boursouflent et deviennent anhydres. Si la température continue à s'élever, le borax subit la fusion ignée, et, par refroidissement, il se prend en une masse vitreuse transparente. Lorsqu'il est fondu, le borax dissout les oxydes métalliques, en donnant des borates dont la couleur est souvent caractéristique de l'oxyde dissous.

A l'état de dissolution, il se conduit vis-à-vis des acides forts comme une base alcaline.

214. Usages. — On utilise la propriété qu'a le borax de dissoudre les oxydes, dans l'analyse au chalumeau, dans les soudures des alliages d'or ou d'argent, dans la préparation des émaux colorés, dans la peinture sur porcelaine et dans la fabrication de certains verres.

La médecine utilise son pouvoir antiseptique.

CHAPITRE XVII
MÉTAUX ET ALLIAGES

§ I. — MÉTAUX

215. Nature des métaux. — *Les métaux sont des corps simples, bons conducteurs de la chaleur et de l'électricité, et généralement doués d'un éclat particulier, appelé éclat métallique. Combinés à l'oxygène, ils forment des oxydes dont l'un au moins est un oxyde basique.*

216. Propriétés physiques. — Les métaux sont tous solides à la température ordinaire, sauf le mercure qui est liquide. Les autres propriétés physiques sont :

Fig. 79. — Laminoir.

1° *La malléabilité*, ou propriété de se réduire en feuilles minces sous l'action du marteau ou du laminoir (fig. 79).

L'or, l'argent, le cuivre, sont les métaux les plus malléables.

2° La *ductilité*, qui permet de les étirer en fils. Avec 1ᵉʳ d'or, on peut obtenir un fil de 3ᵏᵐ de long.

3° La *ténacité*, ou résistance que les métaux opposent à la rupture. Un fil de fer de 2ᵐᵐ de section supporte, sans se rompre, un poids de 250ᵏᵍ.

4° La *fusibilité*. Tous les métaux sont fusibles : les uns, comme l'*étain*, le *plomb*, fondent très facilement; d'autres, comme l'or et le platine, ne fondent qu'à des températures très élevées.

5° La *densité* des métaux est très variable : le *potassium* et le *sodium* sont plus légers que l'eau; l'*aluminium* a une densité de 2,5; tous les autres métaux sont beaucoup plus lourds. La densité des métaux communs varie entre 7 et 9. Celle des métaux précieux est beaucoup plus élevée : ainsi pour l'*argent* la densité est 10,4; celle du *mercure* est 13,6; celle de l'*or* 19,3, et celle du *platine* 21,2.

217. Propriétés chimiques. — Action de l'oxygène ou de l'air. — Le *potassium* est le seul métal qui s'oxyde à la température ordinaire, en présence de l'air ou de l'oxygène secs. L'air humide, chargé d'anhydride carbonique, attaque la plupart des métaux. Le fer se recouvre à la longue d'une couche d'hydrate de sesquioxyde de fer (rouille); le plomb, le zinc, se ternissent par suite de la formation d'hydrocarbonate de plomb ou de zinc, à leur surface.

Tous les métaux, sauf l'or, l'argent, le platine et l'iridium, s'oxydent directement à une température plus ou moins élevée; pour quelques-uns, comme le mercure, l'oxydation formée à basse température disparaît si l'on chauffe davantage.

Action de l'eau. — L'eau est décomposée à froid par certains métaux qui s'emparent de l'oxygène et mettent l'hydrogène en liberté. Avec le potassium, la chaleur dégagée dans la réaction est suffisante pour enflammer l'hydrogène.

Il est des métaux qui, comme le magnésium, ne décomposent l'eau qu'à 100°; d'autres ne la décomposent qu'au rouge, tels sont : le fer, le nickel, le cobalt, etc. Avec le cuivre, le plomb..., la décomposition n'a lieu qu'à une température très élevée.

Pour garantir les métaux de l'oxydation, on les enduit de peinture, de vernis; on protège le fer en le recouvrant d'une couche d'étain (*fer-blanc*) ou de zinc (*fer galvanisé*).

§ II. — ALLIAGES

218. Utilité des alliages. — Les métaux, quoique très nombreux, sont insuffisants pour répondre aux besoins de l'industrie. Un très petit nombre de métaux sont employés seuls : en dehors du *fer*, on emploie le *plomb* pour faire des conduites, l'*aluminium* lorsqu'on a besoin d'un métal très léger, l'*étain* quand on veut un métal peu altérable, et le *cuivre* assez rarement. Les autres métaux possèdent, à côté de certaines propriétés qui justifieraient leur emploi, d'autres propriétés présentant des inconvénients. Mais en combinant deux ou plusieurs métaux on obtient des composés appelés **alliages**, ayant des propriétés spéciales et distinctes de celles des composants.

219. Principaux alliages. — Les principaux alliages sont : le *laiton* (cuivre et zinc), le *maillechort* (cuivre, zinc et nickel), le *bronze* (cuivre et étain), et les *alliages monétaires*.

Quand le mercure est l'un des composants de l'alliage, on donne à celui-ci le nom d'*amalgame*.

Les alliages les plus employés sont les suivants :

Monnaie d'or (française)	Or 900
	Cuivre 100
Vaisselle d'or et bijouterie	Or . . . . 750 à 920
	Cuivre . . . . 250 à 80
Monnaie d'argent	Argent 835
	Cuivre 165
Vaisselle d'argent	Argent 950
	Cuivre 50
Bronze de monnaie	Cuivre . . . . 93,5 à 95
	Étain . . . . 0 à 4
	Zinc . . . . 0,5 à 1
Bronze des cloches	Cuivre 78
	Étain 22
Laiton	Cuivre 65
	Zinc 35
Maillechort	Cuivre 50
	Zinc 25
	Nickel 25
Caractères d'imprimerie	Plomb 80
	Antimoine 20

220. Propriétés des alliages. — Les alliages présentent tous l'aspect et les propriétés d'un métal; ils sont, en général, plus fusibles que le moins fusible des métaux composants. Il peut même arriver que leur fusibilité soit plus grande que celle de l'élément le plus fusible. Ainsi l'alliage de Darcet, composé de 8 parties de bismuth, 5 parties de plomb et 3 parties d'étain, fond à 94°,5; alors que le métal composant le plus fusible, l'étain, ne fond qu'à 228°. L'alliage de Wood, formé de cadmium, de plomb, de bismuth et d'étain, fond à 65°. L'alliage obtenu en combinant 1 partie de potassium avec 3 parties de sodium est liquide à la température ordinaire.

Quand on chauffe un alliage dont l'un des métaux est volatil, celui-ci se sépare comme si les métaux étaient mélangés; sur cette propriété se base la métallurgie de l'or et de l'argent.

Si l'un des métaux composants est oxydable, comme dans l'alliage de l'argent avec le plomb, ce dernier s'oxyde en présence de l'air sous l'influence de la chaleur, comme s'il était seul, et l'argent reste inaltéré.

221. Liquation. — Si on laisse refroidir lentement un alliage fondu, on constate, à l'aide du thermomètre, que la température, qui décroît d'abord d'une manière continue et régulière, reste stationnaire pendant un certain temps, puis redescend à nouveau, pour s'arrêter encore et ainsi de suite. A chaque arrêt de la température, une partie du liquide se prend en une masse cristallisée. Il y a donc, dans un alliage homogène en apparence, plusieurs alliages différents et définis.

Pour réaliser le phénomène en sens inverse, on chauffe progressivement un alliage, une première portion se liquéfie, on la sépare et on a un premier alliage en proportions définies. La partie restante peut être considérée comme un alliage dissous dans un excès de l'un des métaux.

Le phénomène de la *liquation* oblige à des précautions spéciales pour la coulée des alliages en métallurgie.

CHAPITRE XVIII

MINERAIS OXYDÉS ET SULFURÉS

222. Minerais métalliques. — Les métaux, à l'exception des métaux précieux : or, argent, mercure, etc., ne se trouvent pas dans la nature à l'*état natif*, c'est-à-dire à l'état de pureté. On les rencontre le plus souvent sous forme de corps complexes, appelés *minerais*. Les *minerais* sont un mélange de matières terreuses (gangue) avec des combinaisons entre métaux et métalloïdes. Parmi ces minerais, les plus importants sont les *minerais oxydés* et les minerais *sulfurés*.

L'industrie qui s'occupe d'extraire les métaux de leurs *combinaisons naturelles* s'appelle *métallurgie*.

§ I. — MINERAIS OXYDÉS

223. Méthode générale de traitement. — La méthode générale du traitement d'un minerai *oxydé* comprend deux parties :

1° La séparation de la gangue d'avec l'oxyde métallique; c'est un traitement mécanique.

2° L'extraction du métal de l'oxyde, c'est une opération chimique.

1° Traitement mécanique. — Ce traitement renferme trois opérations distinctes : le *triage*, le *bocardage* et le *lavage*. Le *triage* sépare la masse en trois tas : le premier, presque exclusivement composé de gangue, est rejeté; le second, formé d'oxyde presque pur, est directement soumis au traitement chimique; le troisième tas renferme un mélange d'oxyde et de gangue.

Cette dernière partie, la seule qui soit soumise aux deux autres opérations du traitement mécanique, est broyée, puis lavée par un courant d'eau. L'eau entraîne une grande partie de la gangue, qui est plus légère que l'oxyde.

2° Traitement chimique. — Les oxydes métalliques sont mélangés avec du charbon et portés à une température élevée. Le charbon réduit l'oxyde, et l'on obtient soit le *métal fondu*, soit le *métal carburé*, c'est-à-dire combiné avec un excès de carbone. On retirera le métal de ce composé.

Le traitement chimique des minerais est souvent précédé du grillage : opération qui a pour but de chasser l'eau, et de transformer en oxydes les sulfures et les carbonates mélangés à l'oxyde métallique.

§ II. — MINERAIS SULFURÉS

224. État naturel. — Les minerais sulfurés sont très répandus dans la nature. Quelques-uns sont traités pour en extraire les métaux. Tels sont : la *blende* ou sulfure de zinc; la *galène* ou sulfure de plomb; le *cinabre* ou sulfure de mercure; l'*argyrose* ou sulfure d'argent.

225. Méthode générale de traitement des minerais sulfurés. —

1° Traitement mécanique. — Les minerais *sulfurés* subissent le même traitement mécanique que les minerais *oxydés*.

2° Traitement chimique. — Le traitement chimique consiste dans des *grillages* à l'air. Dans ces grillages, une partie du soufre se dégage à l'état de gaz sulfureux. Toutefois, l'action de l'air ne se borne pas toujours à la désulfuration du métal ; on obtient ou le *métal*, c'est le cas du cinabre ; ou l'*oxyde* métallique, qui est ensuite réduit par le charbon, ou même le *sulfate*. Aussi le traitement des minerais sulfurés est généralement plus compliqué que celui des minerais oxydés.

CHAPITRE XIX
SODIUM ET SES COMPOSÉS

§ I. — SODIUM

Symbole : Na.　Poids atomique : 23.　Poids moléculaire : 23.

226. Historique. — C'est Davy qui, le premier, décomposa, en 1807, les alcalis que Lavoisier avait soupçonnés être des composés, et trouva que ces corps étaient des combinaisons de l'oxygène avec un métal. C'est ainsi qu'il trouva que la soude est une combinaison d'oxygène et de sodium.

227. Préparations du sodium. — Méthode de Davy. — David plaça un morceau de soude (B), creusée d'une cavité (C) contenant du mercure, sur une lame de platine (A) (fig. 80) qui communiquait avec le pôle + d'une forte pile ; C était relié au pôle —. Sous l'influence du courant, la soude se décomposa en oxygène qui se porta sur A, et en sodium qui forma avec le mercure un

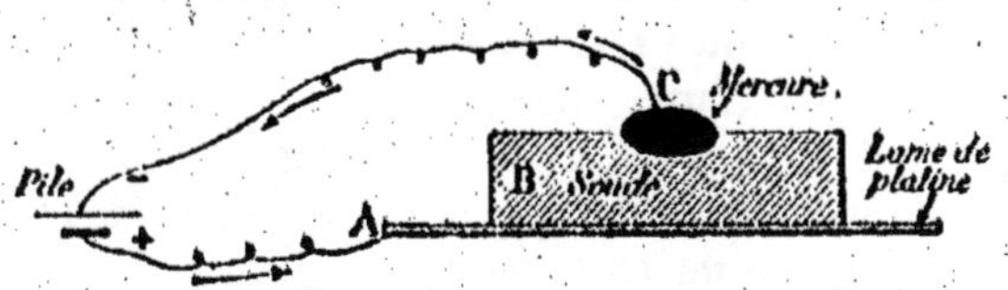

Fig. 80. — Électrolyse de la soude.

amalgame qu'on distilla dans un gaz inerte. Les vapeurs de mercure se dégagèrent, et le sodium resta dans le récipient.

2° Procédé chimique. — Le sodium s'obtient par la décomposition, à haute température, du carbonate de sodium par le charbon. On a la réaction :

$$CO^3Na^2 + 2C = 3CO + Na^2.$$

Carbonate　　Carbone.　　Oxyde　　Sodium.
de sodium.　　　　　de carbone.

Mode opératoire. — On introduit dans un cylindre en fer (fig. 81)

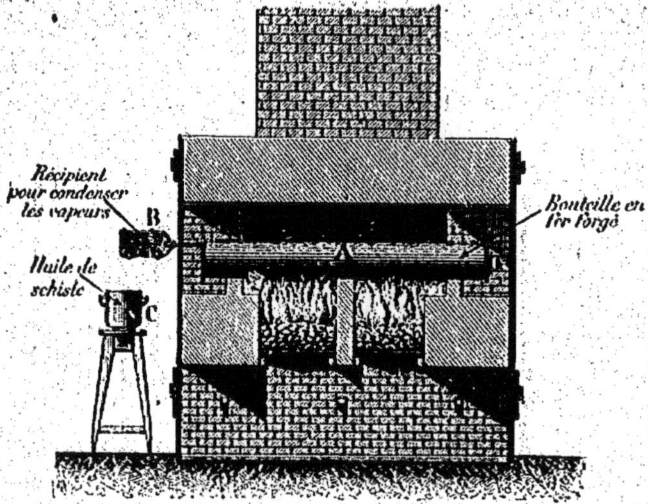

Fig. 81. — Préparation du sodium.
(Procédé Sainte-Claire Deville.)

un mélange intime de carbonate de sodium, de houille et de craie.

La craie a pour effet d'empêcher la fusion de la masse, ce qui rendrait le mélange moins intime. De plus, sous l'action de la chaleur, la craie dégage du gaz carbonique qui entraîne les vapeurs de sodium. Celles-ci se condensent dans une boîte plate, ouverte à ses deux extrémités (fig. 82) et placée sur champ au-dessus d'une marmite contenant de l'huile de schiste.

Quand la température est assez élevée, on voit la flamme bleue de l'oxyde de carbone se produire à l'extrémité du récipient.

Puis arrivent les vapeurs de sodium, qui se condensent dans le récipient plat et s'écoulent dans la marmite.

Quand l'opération marche bien, on recueille le métal presque pur.

Fig. 82.
Récipients pour condenser
les vapeurs de sodium.

Purification. — Pour purifier le sodium, on le fond dans une marmite contenant de l'huile de schiste, puis on l'introduit dans des bassines en plomb. Le sodium est ensuite coulé sous forme de grands bâtons trempés dans l'huile de schiste, et conservés dans des boîtes bien fermées.

228. Propriétés physiques. — Le sodium, corps solide, mou à la température ordinaire, a l'éclat de l'argent quand il est pur. Sa densité est 0,97. Il fond à 95° sans s'enflammer, et se volatilise au rouge.

Le sodium ou un de ses sels volatils, introduits dans une flamme, lui donnent une coloration jaune intense.

229. Propriétés chimiques. — Le sodium a une grande affinité pour l'oxygène, avec lequel il forme deux oxydes : un *peroxyde*, Na^2O^2, qu'on prépare industriellement, et un *protoxyde*, Na^2O.

Aussi réduit-il facilement les composés oxygénés :

L'eau est décomposée : il y a dégagement d'hydrogène et formation d'hydrate de sodium.

La réaction est la suivante :

$$H^2O \text{ ou } HOH + Na = NaOH + H.$$

Eau.   Sodium.   Soude.   Hydrogène.

L'hydrogène s'enflamme et brûle avec une flamme jaune, si l'on empêche le sodium de se déplacer en gommant l'eau. La combustion de l'hydrogène a encore lieu, si le sodium est mis en contact avec une quantité d'eau très faible par rapport à la quantité du métal, ou si l'on emploie de l'eau chaude.

Le sodium fondu décompose l'oxyde de carbone, en donnant naissance à des composés très complexes. C'est à la suite de cette observation que Donny et Mareska ont inventé leur condensateur de forme plate (fig. 82).

Le sodium, grâce à sa grande affinité pour les métalloïdes de la famille du chlore, se trouve dans la nature à l'état de composés halogénés : chlorure, bromure, iodure.

Le sodium peut se combiner avec certains métaux, et former des alliages qui se produisent avec un grand dégagement de chaleur.

Ainsi, si l'on met le sodium en contact avec du mercure préalablement chauffé, on obtient un amalgame de sodium ayant pour composition $Hg^{12}Na$, et dont la formation dégage beaucoup de chaleur.

230. Usages. — En chimie organique, on prépare l'hydrogène naissant à l'aide du sodium, ou plus généralement de l'amalgame de sodium, les opérations étant alors plus faciles à conduire et à modérer qu'avec le sodium pur.

Ce métal était employé pour la préparation industrielle de l'*aluminium* et du *magnésium*; mais l'électro-métallurgie a exclu, à peu près complètement, l'usage du sodium dans l'extraction des métaux de leurs chlorures.

§ II. — SOUDE OU HYDRATE DE SODIUM

Formule : NaOH.   Poids moléculaire : 40.

231. Préparation. — On prépare la soude en décomposant le carbonate de sodium par la chaux en présence de l'eau :

$$CO^3 \Big\langle {Na \atop Na} + Ca \Big\langle {OH \atop OH} = (Co^3 = Ca) + {NaOH \atop NaOH},$$

ou

$$CO^3Na^2 + Ca(OH)^2 = CO^3Ca + 2NaOH.$$

Carbonate   Hydrate   Carbonate   Soude.
de sodium.   de calcium.   de calcium.

Mode opératoire. — Le carbonate du commerce est dissous dans une quantité d'eau convenable, et chauffé dans une bassine en fonte; on y ajoute progressivement un lait de chaux jusqu'à ce que la liqueur ne renferme plus de carbonate de sodium, ce que l'on reconnaît en prenant une petite quantité de la liqueur claire qu'on traite par de l'acide chlorhydrique. S'il y a encore du carbonate dissous, la liqueur claire produit une vive effervescence. Quand la réaction est complète, on laisse déposer le précipité. La liqueur claire est décantée et concentrée dans une bassine en cuivre. On chauffe vivement afin que la couche de vapeur formée au-dessus du liquide préserve celui-ci de l'action du gaz carbonique de l'air, qui transformerait une partie de la soude en carbonate.

Le liquide sirupeux obtenu est coulé sur des plaques de cuivre, où il se prend par refroidissement en plaques blanches; c'est la *soude à la chaux*.

Pour purifier la *soude à la chaux*, on la dissout dans l'alcool; puis le liquide clair, obtenu par décantation, est évaporé. On obtient ainsi la *soude à l'alcool*, qui est à peu près pure.

232. Autres préparations de la soude. — **1° Préparation industrielle de la soude pure.** — On prépare industriellement la soude pure, en traitant par de la chaux pure le carbonate de sodium cristallisé.

2° Méthode anglaise. — En Angleterre, on prépare de la soude en projetant des fragments de sodium dans l'eau d'une capsule en argent, refroidie par un filet de même liquide.

3° Électrolyse du chlorure de sodium. — Tous les chlorures sont décomposés par le courant électrique. La décomposition électrolytique du chlorure de sodium est particulièrement intéressante, elle fournit à la fois du chlore gazeux et de la soude caustique.

7.

Les travaux de M. Hulin ont rendu cette électrolyse réellement industrielle. La méthode employée est un peu différente, suivant qu'on part du *chlorure fondu* ou du *chlorure dissous*.

A) **Électrolyse du chlorure fondu.** — L'électrolyse du chlorure fondu se fait dans une cuve en fonte, garnie intérieurement d'un isolant réfractaire. Le couvercle de la cuve est traversé par des baguettes de charbon qui constituent l'anode, et par du plomb qui constitue la cathode.

Le courant fond le chlorure encore solide, puis le décompose. Le chlore se porte sur l'anode, où il est recueilli, et le sodium sur la cathode, où il forme un alliage avec le plomb. Ce dernier métal est séparé du sodium par simple lavage. La lessive obtenue est de la soude caustique, qu'il suffit ensuite de concentrer.

Pour empêcher que le chlore qui est autour de l'anode ne se combine de nouveau partiellement avec le sodium, on met un peu de chlorure de plomb dans l'électrolyte; le plomb qui se sépare du sel s'emparera alors du sodium mis en liberté.

B) **Électrolyse du chlorure dissous.** — Si l'on emploie comme électrolyte *la dissolution aqueuse de chlorure de sodium*, la soude caustique se forme dans le sein même de cette dissolution. Mais comme cette soude est plus conductrice que l'électrolyte, il faut l'éliminer. On arrive à ce résultat en employant comme cathode un charbon poreux spécial qui forme la paroi de la cuve électrolytique. La soude traverse cette paroi au fur et à mesure de sa formation, et elle coule dans un récipient placé à proximité.

233. Propriétés. — La soude se présente sous forme de plaques blanches, onctueuses au toucher.

Elle est extrêmement soluble dans l'eau, et cette solubilité est accompagnée d'un dégagement de chaleur, ce qui constitue le caractère d'une combinaison. La dissolution aqueuse de soude s'appelle *lessive de soude*. La soude est aussi très soluble dans l'alcool.

Elle fond au rouge et se volatilise à une température très élevée, sans être décomposée. Tous les autres hydrates, à l'exception des alcalis, sont décomposés dans ce cas en anhydride et en eau. Abandonnée à l'air, la soude en absorbe l'humidité et le gaz carbonique et se transforme en carbonate de sodium efflorescent.

La soude est très caustique.

234. Usages. — Dans les laboratoires, la soude sert comme réactif; mais c'est la fabrication du savon dur qui en consomme la plus grande quantité.

§ III. — CHLORURE DE SODIUM

Formule : NaCl. Poids moléculaire : 58,5.

235. État naturel et extraction. — Le chlorure de sodium existe en forte proportion dans l'eau de la mer. Cette eau est soumise à l'évaporation spontanée, dans de grands bassins appelés *marais salants* (fig. 83); le sel se dépose en cristaux, qu'on

Fig. 83. — Marais salants.

recueille après les avoir lavés avec un peu d'eau pure; c'est le *sel marin* ou *sel de cuisine*.

Il existe aussi, à une certaine profondeur au-dessous du sol, des gisements importants de *chlorure de sodium*, connus sous le nom de mines de *sel gemme*.

Si ces amas de sel sont considérables et qu'on puisse en approcher facilement, on les exploite par galeries; c'est ainsi qu'on procède à Wieliczka (Pologne autrichienne). Dans le cas contraire, on pratique des trous de sonde dans lesquels on introduit de l'eau pour dissoudre le sel. Cette eau salée, aspirée par des pompes et soumise à l'évaporation, abandonne le chlorure dissous. Ce mode d'extraction est appliqué dans l'est de la France.

236. Propriétés. — Le chlorure de sodium cristallise en cubes qui s'agglomèrent assez souvent de façon à former des pyramides quadrangulaires creuses, appelées *trémies* (fig. 84).

Lorsqu'on chauffe ces cristaux, ils décrépitent, parce que l'eau d'interposition, c'est-à-dire l'eau qui a été emprisonnée entre les

Fig. 84. — Trémie de sel.

lamelles des cristaux pendant leur formation, se vaporise et les fait éclater.

Une dissolution de chlorure de sodium dépose à la température ordinaire des cristaux anhydres, ayant pour composition NaCl. Si on refroidit la dissolution à — 12°, les cristaux qui se déposent renferment deux molécules d'eau et ont pour composition :

$$NaCl + 2H^2O.$$

Cristaux
de chlorure de sodium
déposés à — 12°.

Le chlorure de sodium pur n'est pas déliquescent ; mais le sel marin renferme toujours du chlorure de magnésium, qui, étant très déliquescent, communique cette propriété au sel de cuisine.

Les cristaux de chlorure de sodium laissent passer les rayons calorifiques et les rayons chimiques ; on dit qu'ils sont diathermanes.

237. Usages. — Le sel marin entre en petite quantité dans l'alimentation de l'homme et des animaux ; on l'utilise pour la conservation des viandes, des aliments et des fourrages, le vernissage des poteries et des faïences, pour la fabrication du sulfate et du carbonate de sodium, du chlore, de l'acide chlorhydrique et des chlorures décolorants.

En agriculture, on s'en sert comme engrais mélangé au fumier à la dose de 5^{kg} par mètre cube ; dans ces conditions, le sel modère et régularise la fermentation du fumier. Mais il en faut user avec circonspection, car une terre qui contient plus de 2 % de chlorure de sodium est impropre à la culture.

§ IV. — CARBONATE DE SODIUM

Formule : CO^3Na^2. Poids moléculaire : 106.

238. Préparation. — Le chlorure de sodium est la source naturelle des composés du sodium ; mais leur source industrielle est le carbonate de sodium, que l'on prépare par trois procédés différents :

1° Procédé Leblanc. — Ce procédé a été longtemps le seul employé ; il consiste : 1° *À transformer le chlorure de sodium en sulfate ;*

2° *A chauffer à haute température un mélange de sulfate de sodium, de carbonate de calcium et de charbon.*

La première transformation se produit dans l'action de l'acide sul-

furique sur le chlorure de sodium et sous l'influence de la chaleur.
On a :

$$2NaCl + SO^4 \underset{H}{\overset{H}{<}} = SO^4 \underset{Na}{\overset{Na}{<}} + 2HCl.$$

ou
$$2NaCl + SO^4H^2 = SO^4Na^2 + 2HCl.$$

Chlorure	Acide	Sulfate	Acide
de sodium.	sulfurique.	de sodium.	chlorhydrique.

En calcinant ensuite un mélange de sulfate de sodium, de carbonate
de calcium et de charbon, on obtient de l'oxyde de carbone, du sulfure de calcium insoluble et du carbonate de sodium soluble. La
séparation de ce dernier corps sera donc facile. Le carbonate de
calcium, en réagissant sur le sulfate de sodium, donne :

$$SO^4Na^2 + CO^3Ca = SO^4Ca + CO^3Na^2.$$

Sulfate	Carbonate	Sulfate	Carbonate
de sodium.	de calcium.	de calcium.	de sodium.

En reprenant sans précaution les deux produits du second membre
par l'eau, on reproduirait la réaction inverse à cause de l'insolubi-
lité du carbonate de calcium. C'est pour cette raison qu'on ajoute du
charbon qui, avec le sulfate de calcium, donne la réaction :

$$CaSO^4 + 4C = 4CO + CaS.$$

Sulfate	Carbone.	Oxyde	Sulfure
de calcium.		de carbone.	de calcium.

Mode opératoire. — Cette opération se fait dans un four à réverbère (fig. 85). Le mélange, placé sur la sole du fourneau, doit être

Fig. 85. — Fabrication de la soude (procédé Leblanc).

constamment brassé. Ce brassage s'effectue aujourd'hui automati-
quement dans des *fours tournants*, dont le principe est le suivant :

*Un cylindre métallique, placé horizontalement et appuyé sur
des galets, est animé d'un mouvement de rotation autour d'un
axe muni de palettes.*

Le mélange est ainsi constamment brassé par la rotation du four.

2° Procédé Solvay ou procédé à l'ammoniaque. — Dans le procédé Solvay, on transforme directement le NaCl en carbonate de sodium, sans passer par le sulfate. Pour cela, on fait agir sur le chlorure de sodium une dissolution de bicarbonate d'ammonium; il se produit, par double décomposition, du chlorure d'ammonium et du bicarbonate de sodium :

$$CO^3 {<}^{H}_{AzH^4} + NaCl = CO^3 {<}^{H}_{Na} + AzH^4Cl,$$

ou

$$CO^3H(AzH^4) + NaCl = CO^3HNa + AzH^4Cl.$$

Bicarbonate   Chlorure   Bicarbonate   Chlorure
d'ammonium.   de sodium.   de sodium.   d'ammonium.

Si l'on a pris une solution très concentrée de chlorure de sodium, le bicarbonate, très peu soluble, se précipite; on le recueille, et en chauffant les cristaux recueillis on obtient le carbonate neutre :

$$2CO^3HNa = CO^3Na^2 + CO^2 + H^2O.$$

Bicarbonate   Carbonate   Anhydride   Eau.
de sodium.   de sodium.   carbonique.

Il se dégage du gaz carbonique et de la vapeur d'eau.

Dans ce procédé, très économique, on se borne à faire arriver dans une solution de sel marin les éléments nécessaires pour produire le bicarbonate d'ammonium, c'est-à-dire un courant de gaz carbonique et un autre d'ammoniaque. Il se précipite du bicarbonate de sodium, et il reste en dissolution du chlorure d'ammonium qui, traité par la chaux, régénère le gaz ammoniac.

L'anhydride carbonique employé provient de la décomposition des cristaux de bicarbonate de sodium sous l'action de la chaleur; on en produit aussi par la calcination du carbonate de calcium. En somme, cette opération ne consomme que du chlorure de sodium et du carbonate de calcium.

Si le procédé *Leblanc* a résisté à cette concurrence, c'est parce qu'il est la source de *l'acide chlorhydrique*. La régénération du soufre des charrées est aussi un sérieux appoint permettant aux soudières Leblanc de soutenir la lutte sans trop de désavantage.

239. Propriétés. — Le carbonate de sodium se présente sous forme de cristaux blancs, ayant pour formule $Na^2CO^3 + 10H^2O$. Ces cristaux peuvent perdre dans l'air sec jusqu'à 9 molécules d'eau. Si on les soumet à l'action de la chaleur, ils se déshydratent complètement, fondent, mais ne se décomposent pas. Leur solubilité dans l'eau atteint son maximum vers 36°.

Ainsi 100 parties d'eau dissolvent 60 parties de carbonate à la tempér. ordin.

—   —   800   —   30°.
—   —   44   —   104°.

Il en résulte que si l'on fait une solution de carbonate de sodium à 36° et qu'on la chauffe, elle se trouble et dépose du sel à mesure que la température s'élève. Le carbonate est insoluble dans l'alcool.

Il se combine facilement avec le gaz carbonique pour se transformer en bicarbonate. A l'égard des acides il se comporte comme la soude, mais avec dégagement d'anhydride carbonique.

Le charbon décompose le carbonate de sodium au rouge.

240. Usages. — Le carbonate de sodium sert à préparer la soude à la chaux ; il est aussi une des sources du sodium. L'industrie l'emploie pour la fabrication des savons, le blanchiment du linge, etc.

Dans les laboratoires, on l'utilise fréquemment comme réactif.

241. Bicarbonate de sodium : CO^3NaH. — **Préparation.** — On prépare le bicarbonate de sodium en faisant agir l'anhydride carbonique sur une dissolution de carbonate de sodium.

$$CO^3Na^2 + 10H^2O + CO^2 = 2CO^3NaH + 9H^2O.$$

| Carbonate de sodium. | Eau. | Anhydride carbonique. | Bicarbonate de sodium. | Eau. |

A Vichy, cette opération se fait avec le gaz carbonique des sources. On le fait arriver dans de grandes chambres, où il attaque les cristaux de carbonate neutre disposés sur des toiles.

Propriétés. — La solution de bicarbonate, très riche en gaz carbonique, abandonne celui-ci par ébullition : 1^{gr} de bicarbonate dégage 260^{cc} d'anhydride carbonique ; aussi emploie-t-on ce produit pour préparer l'eau de Seltz artificielle.

§ V. — SOUDE BRUTE OU SOUDE NATURELLE

242. Composition. — On désigne sous le nom de *soude brute* le résidu de l'incinération des *plantes marines* ou des *varechs*. La soude naturelle contient seulement 25 % de *carbonate de sodium*.

243. Extraction. — La soude la plus estimée est celle appelée soude d'*Alicante*, de *Carthagène*, de *Malaga* ; elle s'obtient par l'incinération de la *barille*, plante que l'on cultive sur les côtes de la péninsule hispanique. Dans la Normandie, on prépare également de la soude brute en brûlant des *varechs*.

Le résidu, traité par l'eau, donne une solution contenant surtout du *carbonate*, du *sulfure de sodium* et de la *soude caustique* ; la matière insoluble constitue ce qu'on nomme *charrées* ou *marcs de soude.*

244. Usages de la soude brute. — La soude brute est utilisée pour la préparation du carbonate de sodium du commerce, du bicarbonate de sodium et de la soude caustique ; pour la fabrication des savons, du verre à bouteille brun verdâtre et pour le blanchissage du linge.

§ VI. — SULFATE DE SODIUM

Formule : SO^4Na^2. Poids moléculaire : 142.

245. État naturel. — Le *sulfate de sodium*, ou *sel de Glauber*, se trouve dans les eaux de certaines sources minérales, comme celles de Bagnères-de-Bigorre ; dans les lacs salés de la Hongrie, dans l'eau de la mer ; il existe cristallisé en couches de 5 à 6^m d'épaisseur aux environs de *Lédosa*, en Espagne, où il est exploité en grand.

246. Préparation. — On prépare le sulfate de sodium en faisant agir l'acide sulfurique sur le chlorure de sodium, opération industrielle qu'on réalise dans des appareils en fonte. A une température peu élevée, on a du bisulfate ; la réaction est alors la suivante :

$$SO^4\!\!<{\!\!\!\begin{array}{c}H\\H\end{array}} + NaCl = SO^4\!\!<{\!\!\!\begin{array}{c}Na\\H\end{array}} + HCl;$$

ou

$$SO^4H^2 + NaCl = SO^4NaH + HCl.$$

Sulfate   Chlorure   Bisulfate   Acide
de sodium.   de sodium.   de sodium.   chlorhydrique.

Mais si la température est plus élevée, le bisulfate se décompose, et finalement on a :

$$SO^4\!\!<{\!\!\!\begin{array}{c}H\\H\end{array}} + {\!\!\begin{array}{c}NaCl\\NaCl\end{array}} = SO^4\!\!<{\!\!\!\begin{array}{c}Na\\Na\end{array}} + {\!\!\begin{array}{c}HCl\\HCl\end{array}}\cdot$$

ou

$$SO^4H^2 + 2NaCl = SO^4Na^2 + 2HCl.$$

Acide   Chlorure   Sulfate   Acide
sulfurique   de sodium.   de sodium.   Chlorhydrique.

En réalité, les deux réactions se produisent. En effet, les fours à soude sont (fig. 86) généralement à deux compartiments. Dans le premier, appelé *cuvette* et qui est chauffé par la chaleur perdue, on a la première transformation. Dans le second compartiment, chauffé directement et appelé *calcine*, s'opère la deuxième phase de la réaction.

L'acide chlorhydrique, qui se dégage des fours, va se dissoudre dans l'eau des bonbonnes.

247. Propriétés. — On trouve le sulfate de sodium sous forme d'une matière blanche fondue qui, dissoute dans l'eau et refroidie, donne le sulfate de sodium cristallisé.

Ce sel se présente en cristaux efflorescents ayant pour formule

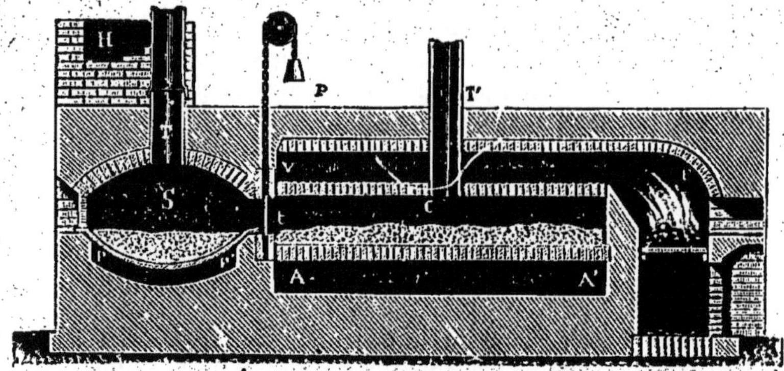

Fig. 86. — Préparation du sulfate de sodium.
On introduit un mélange de sel marin, en gros cristaux, et d'acide sulfurique dans la cuvette S, chauffée par la chaleur perdue. Le sulfate acide, dans la cuvette, est ensuite introduit dans la calcine C, où il se transforme en sulfate neutre, sous l'influence de la température élevée et du brassage. Le gaz chlorhydrique s'échappe par les conduits T et T'. *t* est la séparation mobile entre la cuvette et la calcine. Le sulfate de sodium est recueilli en AA'.

$SO^4Na^2 + 10H^2O$. Lorsqu'on les chauffe, ils fondent dans leur eau de cristallisation, et si la température s'élève d'une façon notable, cette eau s'évapore d'abord complètement, puis les cristaux se décomposent.

Solubilité. — La solubilité du sulfate de sodium anhydre présente un maximum vers 33°.

Si on porte en abscisses les températures, et en ordonnées les poids de sulfate dissous dans 100 parties d'eau, la ligne qui joint les points obtenus affecte la forme représentée par la figure 87.

Cette courbe à deux pentes peut s'expliquer de la manière suivante : le sel qui se dissout entre 0° et 33° n'est pas le même que celui qui se dissout entre 33° et 100° ; car avant 33° la dissolution dépose par refroidissement des cristaux renfermant 10 molécules d'eau, tandis que les cristaux qui se déposent au-dessus de 33° sont anhydres. Si on refroidit avec précaution une dissolution saturée de sulfate de sodium, elle dépose sans que la sursaturation cesse, une troisième sorte de cristaux ne renfermant que 7 molécules d'eau. L'introduction, dans cette dissolution, d'un cristal de sulfate ordinaire met fin à la sursaturation, et il se dépose des cristaux à 10 molécules d'eau.

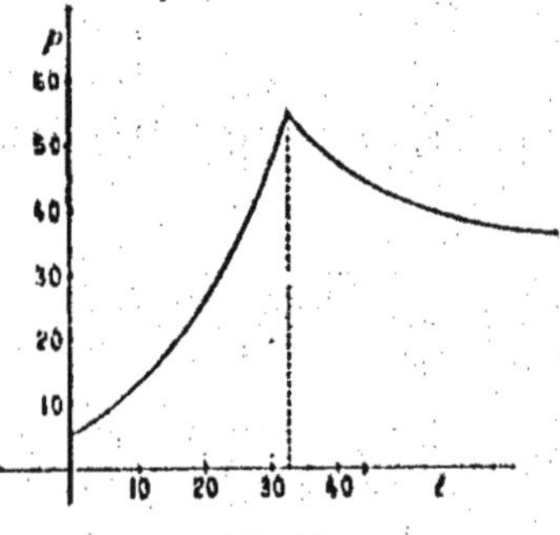

Fig. 87.
Courbe de solubilité du sulfate de sodium.

Froid produit. — Le mélange de 12 parties d'acide chlorhydrique avec 15 parties de sulfate de sodium, produit un abaissement de température de 30°.

248. Usages. — Le sulfate de sodium sert dans la fabrication du verre et du savon, où il a remplacé la potasse et la soude artificielles. L'acétate de sodium s'obtient par l'action du sulfate de sodium sur l'acétate de calcium.

La médecine utilise le sulfate de sodium comme purgatif.

L'industrie le prépare surtout parce qu'il sert à la préparation du carbonate de sodium.

On se sert du mélange d'acide chlorhydrique et de sulfate de sodium pour obtenir de basses températures, quand on n'a pas de glace.

249. Bisulfate de sodium ou sulfate acide. — Le bisulfate de sodium ($SO^4Na H$) se prépare en faisant agir l'acide sulfurique concentré sur le sulfate neutre.

$$SO^4Na^2 + SO^4H^2 = 2SO^4NaH.$$

Sulfate	Acide	Bisulfate
de sodium.	sulfurique.	de sodium.

Il s'en produit également dans la première phase de la préparation industrielle du sulfate de sodium.

Sous l'action de la chaleur, le bisulfate se transforme en pyrosulfate $S^2O^7Na^2$, servant à préparer l'anhydride sulfurique SO^3 (92).

CHAPITRE XIX

COMPOSÉS DU CALCIUM

§ I. — CARBONATES DE CALCIUM NATURELS OU CALCAIRES

Formule : CO^3Ca. Poids moléculaire : 100.

250. État naturel. — Les calcaires se rencontrent dans tous les terrains sédimentaires, en quantité considérable et sous un très grand nombre de variétés. Parmi celles-ci, les unes sont cristallisées; d'autres, comme les *marbres*, présentent seulement une texture cristalline; d'autres enfin sont amorphes.

Calcaires cristallisés. — Les calcaires cristallisés se présentent sous deux formes : celle qu'on rencontre le plus souvent appartient au système du rhomboèdre; on l'appelle le *spath d'Islande*. Les cristaux de ce système présentent un clivage facile; ils sont anhydres, et parmi tous les cristaux ce sont les *seuls* qui possèdent la double réfraction.

La deuxième forme cristalline appartient au système du prisme droit à base rectangle, on l'appelle *aragonite*.

Ces deux variétés de cristaux, qui ont des propriétés chimiques analogues, diffèrent par leurs propriétés physiques.

Le *spath* a pour densité 2,7; l'*aragonite*, 2,9. Ce dernier peut être transformé en spath par la chaleur, même modérée.

L'aragonite est isomorphe des carbonates de baryum et de strontium, tandis que le spath est isomorphe des carbonates de la série magnésienne.

Autres calcaires. — On appelle *marbres* des calcaires très compactes, capables d'acquérir un beau poli. Certains marbres sont formés de pâtes calcaires emprisonnant des matières étrangères.

On désigne sous le nom d'*albâtre calcaire*, une variété de carbonate de calcium translucide.

Mais la variété ordinaire de carbonate de calcium est le calcaire *amorphe* ou pierre à bâtir.

La *craie* est un calcaire amorphe résultant de l'agglomération de débris coquilliers microscopiques.

251. Préparation du carbonate de calcium dans les laboratoires. — Le carbonate de calcium ne peut pas être obtenu par l'action directe du gaz carbonique sur la chaux, car on aurait dans ce cas un carbonate basique; mais on l'obtient toutes les fois qu'on verse dans une dissolution d'un sel de calcium un carbonate alcalin.

$$CO^3Na^2 + (AzO^3)^2Ca = CO^3Ca + 2AzO^3Na.$$

| Carbonate de sodium. | Azotate de calcium. | Carbonate de calcium. | Azotate de sodium. |

On a du carbonate de calcium anhydre, généralement cristallisé en *spath* si la réaction a eu lieu à basse température, en *aragonite* si le carbonate s'est formé à chaud. Le plus souvent on a un mélange des deux.

252. Propriétés. — Le carbonate de calcium est décomposable, au rouge, en gaz carbonique et en chaux.

Le carbonate de calcium est presque insoluble dans l'eau pure; mais il devient soluble dans une eau chargée de gaz carbonique, au contact de laquelle il se transforme en bicarbonate plus soluble.

Cette solubilité a des conséquences. Comme toutes les eaux de pluie qui alimentent les sources contiennent du gaz carbonique, elles dissolvent du carbonate de calcium dans les terrains qu'elles traversent, de sorte que presque toutes les eaux naturelles sont calcaires. Aussi presque toutes les eaux de source chauffées à l'ébullition se troublent, grâce à la présence du carbonate, qui se précipite quand le gaz carbonique est chassé par la chaleur.

Une eau qui renferme des proportions de carbonate plus fortes que les eaux ordinaires abandonne facilement l'excès de carbonate de calcium ; c'est le cas des sources incrustantes.

Les eaux calcaires peuvent encore déposer du carbonate de calcium si elles s'évaporent à l'air : c'est une origine des stalactites et des stalagmites.

Le carbonate de calcium est effervescent au contact des acides, et laisse dégager le gaz carbonique. C'est la propriété caractéristique des carbonates.

253. Usages. — L'industrie emploie le calcaire ordinaire pour préparer la chaux et le gaz carbonique, la craie pour polir les métaux, préparer la potasse et les soudes artificielles. L'agriculture s'en sert pour amender les terrains. L'architecture emploie le calcaire grossier pour les constructions ordinaires, le calcaire fin et les marbres pour la décoration des édifices somptueux. Le calcaire lithographique est une variété compacte à grains fins.

§ II. — PROTOXYDE DE CALCIUM

Synonyme : Chaux.

Formule : CaO. Poids moléculaire : 56.

254. Préparations. — *On obtient la chaux, soit dans les laboratoires, soit dans l'industrie, par la calcination du carbonate de calcium qui se décompose en gaz carbonique et en chaux :*

$$CO_3Ca = CaO + CO_2.$$

Carbonate   Chaux.   Anhydride
de calcium.   carbonique.

1° Préparation de laboratoire. — Dans les laboratoires, on calcine le marbre blanc, qui est du carbonate presque pur.

2° Préparation industrielle. — Dans l'industrie, on calcine les calcaires naturels, dans des fours en maçonnerie, construits en forme de cuve, et dont la partie inférieure est munie d'une grille. Dans ce four, on place alternativement les couches de houille ou de coke et des couches de calcaire. Lorsque le four est rempli, on

met le feu à la partie inférieure; la
combustion se propage peu à peu
jusqu'au haut.

Fours à production continue. —
Dans les fours à production continue, le foyer, au lieu de se trouver
au bas du four, est placé latéralement
à une certaine hauteur (fig. 87), et
le calcaire calciné descend; on peut
le retirer par une ouverture inférieure, tandis qu'on ajoute une nouvelle quantité de calcaire et de la
houille par l'orifice supérieur. Le four
reste donc constamment en activité;
il en résulte une économie de chaleur.

Fig. 87.

Four à chaux à production continue.

255. Propriétés. — La chaux pure est une substance blanche,
très caustique, infusible à la température du chalumeau à gaz oxhydrique. La chaux portée à cette haute température prend un éclat
éblouissant, utilisé dans la lampe de Drummond.

La chaux est très avide d'eau et de gaz carbonique, qu'elle fixe en
foisonnant à l'air; il se forme un carbonate basique: $CO^3Ca, Ca(OH)^2$.

Elle s'unit à l'eau, avec un dégagement de chaleur suffisant pour
vaporiser une partie du liquide; il se produit un hydrate $Ca(OH)^2$,
qui est la *chaux éteinte*.

Si l'on fait réagir sur la chaux une quantité d'eau suffisante pour
qu'il se forme une bouillie claire, on a un lait de chaux. Si on laisse
déposer l'excès de chaux et qu'on décante le liquide limpide qui
surmonte le précipité, on a de l'eau de chaux qui ne renferme guère
que $1^{gr},3$ de chaux par litre. L'eau froide en dissout plus que l'eau
chaude.

La chaux est très soluble dans une dissolution de sucre, qu'elle
transforme en *sucrate de calcium*.

256. Usages. — On emploie la chaux dans la fabrication des
bougies, pour saponifier les matières grasses, dans la fabrication du
sucre, de l'ammoniaque, des alcalis caustiques. L'agriculture l'utilise
pour *chauler* le blé, les arbres, en vue de la destruction des insectes.
Mais son principal usage est la préparation des mortiers.

257. Variétés de chaux obtenues dans l'industrie. — L'industrie prépare trois catégories de chaux dont les propriétés et les
usages dépendent du degré de pureté des calcaires qui les ont four-
nies :

1° *Les chaux aériennes ou ordinaires ;*
2° *Les chaux hydrauliques ;*
3° *Les ciments.*

258. Chaux ordinaires. — Ce sont celles qu'on emploie dans la construction des édifices pour unir les matériaux entre eux; on distingue les chaux grasses et les chaux maigres.

La *chaux grasse* provient de la cuisson des calcaires purs ; elle est blanche, forme avec l'eau une pâte liante et résistante; elle foisonne beaucoup.

Les *chaux maigres* proviennent de la calcination de calcaires impurs, contenant 10 à 15 $\%$ d'argile; elles sont gris jaunâtre; la formation de leur hydrate dégage une faible quantité de chaleur, et elles forment avec l'eau une pâte peu liante. Elles foisonnent très peu.

259. Mortiers. — Les mortiers sont *des mélanges de chaux, de sable et d'eau, destinés à relier entre eux les matériaux de construction.* Le mélange de 3 parties de sable pour 1 partie de chaux acquiert une grande adhérence pour les matériaux à unir.

Explication de cette adhérence. — Le gaz carbonique de l'air transforme lentement la chaux contenue dans le mortier en carbonate de calcium insoluble, qui adhère fortement aux grains de sable du mortier et aux pierres de la construction. Cette adhérence est si grande, que les grains de sable et les pierres ne forment plus qu'un seul bloc.

Rôle du sable. — En se solidifiant, la chaux interposée entre la surface des matériaux subit un retrait, et les grains de sable ont pour but de combler les vides qui se produiraient entre les surfaces soudées par le mortier.

Cette transformation ne peut se faire que dans l'air ; aussi faut-il avoir soin d'éviter la dessiccation trop rapide des mortiers, pour donner au gaz carbonique de l'air le temps d'agir sur la chaux.

Cela s'applique aussi bien aux chaux maigres qu'aux chaux grasses.

260. Chaux hydrauliques. — Ce sont des chaux qui ont la propriété de former avec l'eau des pâtes qui durcissent dans ce liquide, et se convertissent en masses pierreuses sur lesquelles l'eau n'a plus d'action.

On en fait des mortiers pour les constructions sous l'eau, ou dans les terrains humides. On les emploie de la même façon que les chaux aériennes.

Cause de la solidification sous l'eau. — La cause de la solidification est due au mélange intime de 10 à 30 $\%$ d'argile avec le calcaire qu'on a calciné. Ces chaux se solidifient d'autant plus vite qu'elles sont plus riches en argile ou *silicate d'aluminium.* Pendant la cuisson des calcaires, la chaux qui se produit décompose le silicate et se combine à la fois à la silice et à l'alumine; il se forme un silicate et un aluminate de calcium, *car l'alumine joue le rôle d'acide vis-à-vis d'une base énergique comme la chaux.* Quand ces corps sont mis en contact avec l'eau, ils s'hydratent, et se transforment en une masse dure et compacte.

Ces chaux proviennent de calcaires impurs; on peut les fabriquer artificielle-ment, en calcinant un mélange de calcaire et d'argile.

261. Ciments. — On distingue deux catégories de ciments :

1° *Les ciments à prise rapide ;*

2° *Les ciments à prise lente.*

Ciments à prise rapide. — Les ciments à prise rapide proviennent de la calcination de calcaires renfermant de 30 à 60 % d'argile. Ce sont des chaux très hydrauliques qui, lorsqu'elles sont gâchées avec l'eau, se solidifient en quelques heures, aussi bien dans l'eau que dans l'air.

Ciments à prise lente. — On désigne sous le nom de *ciments à prise lente* des variétés qu'on obtient en calcinant des calcaires renfermant de 77 à 79 % de carbonate de calcium et 23 à 21 % d'argile. De plus, la température de calcination doit être assez élevée pour que les matières éprouvent un commencement de vitri-fication.

Ces ciments, forcément artificiels, donnent des mortiers d'une solidité à toute épreuve et d'une inaltérabilité considérable. On ajoute, avant la calcination, de l'argile ou du calcaire pur, suivant que les pierres calcaires renferment moins ou plus de 21 % d'argile.

§ III. — SULFATE DE CALCIUM

Formule : SO^4Ca. Poids moléculaire : 136.

262. État naturel. — Le *sulfate de calcium* est un corps très répandu ; il constitue la pierre à plâtre, qui existe en gisements considérables dans les ter-rains tertiaires. Ces gisements sont du sulfate de calcium hydraté ayant pour composition : $SO^4Ca, 2H^2O$.

On le rencontre quelquefois cristallisé sous forme de masses lenticulaires dont le clivage présente la forme d'un fer de lance (*pierre de lance*) (fig. 89).

Il existe une variété translucide, appelée *albâtre gypseux.*

2° **Préparation industrielle.** — Dans l'indus-trie, le sulfate anhydre ou *plâtre* se prépare par la déshydratation de la pierre à plâtre. Il

Fig. 89.

Gypse, pierre de lance.

suffit de chauffer cette pierre à 130°, dans des fours spéciaux très simples.

Fig. 90. — Four à plâtre.

Ce sont des bâtiments en maçonnerie, couverts d'un toit léger. Sur des voûtes, formées de gros morceaux de gypse, sont entassés des morceaux plus petits (fig. 90). Un feu allumé sous ces voûtes, y est maintenu pendant quelque temps. Les pierres déshydratées sont retirées du four, écrasées et broyées au moulin; le plâtre obtenu est ensuite tamisé et conservé dans des sacs à l'abri de l'humidité.

La température de déshydratation se règle facilement avec les *fours Duménil* (fig. 91).

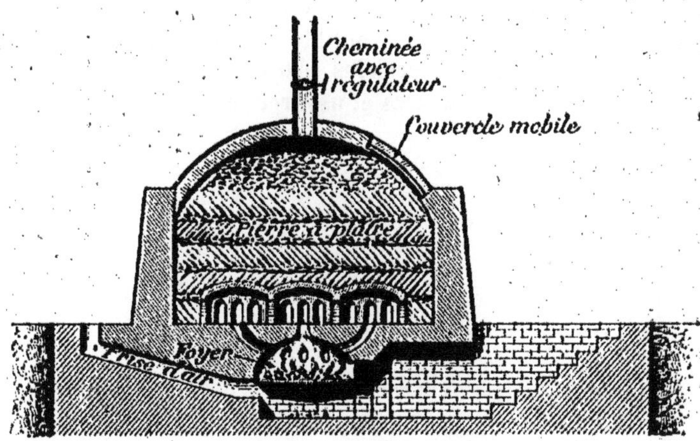

Fig. 91. — Four Duménil.

Ces fours sont voûtés dans leur partie supérieure. Afin de chasser l'eau plus promptement, on admet de l'air en quantité : cet air s'échauffe en traversant le combustible enflammé, se distribue ensuite à travers les interstices des pierres à plâtre, et enlève leur vapeur d'eau.

263. Propriétés. — Le sulfate de calcium est peu soluble dans l'eau ordinaire, dont 1 litre n'en dissout que 2^{gr}; il est plus soluble dans l'eau acidulée.

Quoique l'eau ne dissolve que 2^{gr} par litre de sulfate de calcium, cette petite quantité suffit pour rendre l'eau *séléniteuse* impropre à la boisson, à la cuisson des légumes et au savonnage.

La propriété la plus importante du sulfate de calcium est la façon dont il se comporte sous l'influence de la chaleur. Chauffé à 130°, il perd son eau et devient anhydre; mais il conserve la propriété de se recombiner avec l'eau; au contraire, si on a chauffé au-dessus de 170°, il perd ce pouvoir et reste anhydre : le plâtre est brûlé.

Le sulfate de calcium déshydraté constitue le plâtre qui, mêlé avec l'eau, se prend en une masse solide avec augmentation de volume. L'eau employée pour gâcher le plâtre entre en combinaison avec lui : le plâtre *fait prise* avec l'eau.

264. Usages. — Le plâtre est utilisé dans les constructions (*plafonds, murs d'intérieur, cloisons, moulures*); pour faire des moules, des empreintes, dont les détails sont d'autant mieux marqués que le plâtre est plus pur.

En délayant le plâtre avec une dissolution aqueuse de gélatine, on obtient le *stuc*, produit dur, susceptible d'un beau poli. L'agriculture l'utilise pour amender les prairies artificielles. On s'en sert aussi pour plâtrer les vins médiocres et assurer leur conservation.

PROBLÈMES

1. Quel volume d'hydrogène faut-il brûler dans 1 litre d'air pour qu'il ne reste plus que de l'azote ?

2. On introduit dans un eudiomètre ¼ litre d'air et ½ litre d'hydrogène. Quelle sera la composition du mélange gazeux après le passage de l'étincelle ?

3. L'air pur, respiré par les poumons, ne renferme plus que 14 % d'oxygène. On introduit un litre de cet air sous une cloche, et l'on y fait brûler du phosphore. Quel sera le volume du gaz restant ?

4. Quel poids d'oxygène obtient-on :
1° par la calcination de 100^{gr} de chlorate de potassium ;
2° de 100^{gr} de bioxyde de manganèse ?
Poids atomique de K = 39, de Cl = 35,5, de O = 16, de Mn = 55.

5. Quel poids de zinc et d'acide chlorhydrique faut-il employer pour obtenir 1 mètre cube d'hydrogène ? La température = 0°, et la pression 76^{cm}. Poids atomique de Zn = 65, de Cl = 35,5.

6. Quel volume d'hydrogène obtient-on dans l'action de l'acide sulfurique sur 105^{gr} de zinc ? Poids atomique de Zn = 65, de S = 32, de O = 16. On supposera le gaz à 0° et à la pression de 76^{cm}.

7. Quel est le volume d'hydrogène nécessaire pour réduire 100^{gr} d'oxyde de cuivre ? Poids atomique de Cu = 64, de O = 16.

8. Quel est le poids d'oxyde de cuivre que l'on peut réduire avec l'hydrogène provenant de la décomposition de 6 litres d'eau par le fer, au rouge ?
Équivalents : Fer, 28 ; cuivre, 32 ; oxygène, 8 ; hydrogène, 1.

9. On introduit dans un eudiomètre un ½ litre d'hydrogène et 1 litre et ¼ d'oxygène, puis on enflamme le mélange. Quel sera le gaz en excès, et quel volume occupera-t-il ?

10. Dans une analyse d'eau par le fer, on recueille 3 litres d'hydrogène ; quel est le poids de l'eau décomposée, et quelle est l'augmentation du poids du fer ? Poids atomique de Fe = 56, de O = 16.

11. Combien faut-il décomposer de grammes d'eau, par la pile, pour obtenir un mélange détonant de 2 litres ? Densité de l'oxygène = 1,105, de l'hydrogène = 0,069.

12. On fait détoner, dans un eudiomètre, 8 vol. d'un mélange d'oxygène et d'hydrogène. Après l'explosion, il reste un vol. d'oxygène. Quel était le rapport des volumes d'oxygène et d'hydrogène du mélange introduit dans l'eudiomètre ?

13. *On mélange 25 litres d'oxygène à 10° et 75^{cm} avec 50 litres d'hydrogène à 20° et à 77^{cm}. On fait passer une étincelle dans le mélange. Dire s'il y a un résidu gazeux, par quel gaz il est constitué et quel est son volume à 0° et 76^{cm} en le supposant sec. Poids atomique O = 16. Poids spécifique normal de l'air = 0,0013; densité de l'hydrogène = 0,07; coefficient de dilatation des gaz = 0,0037.*

14. *Quel volume d'anhydride sulfureux produit la combustion d'un gramme de soufre? Poids atomique de S = 32, de O = 16; densité du gaz sulfureux = 2,23.*

15. *Quel poids de cuivre et d'acide sulfurique faut-il employer pour obtenir 10^{gr} d'anhydride sulfureux? Poids atomique de Cu = 64, de S = 32.*

16. *1° Quel poids de carbone faut-il pour réduire 250^{gr} d'oxyde de cuivre? 2° Quel sera le volume d'anhydride carbonique produit? Poids atomique de Cu = 64, de C = 12, de O = 16; densité de l'anhydride carbonique = 1,529.*

17. *On transforme en anhydride carbonique 600^{gr} de charbon pur, en employant la quantité d'oxygène strictement nécessaire. Quel poids de chlorate de potassium faut-il décomposer pour fournir cet oxygène? Poids atomique de O = 16, de K = 39, de Cl = 35,5, de C = 12.*

18. *Combien de carbone faut-il brûler dans un litre d'oxygène, pour obtenir de l'oxyde de carbone? Poids atomique de C = 12, de O = 16. Densité de l'oxygène = 1,105.*

19. *On a transformé 180^{kg} de charbon en oxyde de carbone. On demande quel serait le volume d'oxygène nécessaire pour opérer la combustion complète de cet oxyde de carbone. L'oxygène est mesuré à la température 0° et à la pression 76^{cm}. Poids atomique de C = 12, de O = 16; densité de l'oxygène = 1,105.*

20. *Calculer le poids de chlorate de potassium nécessaire pour préparer 5^l d'oxygène à la température de 12° et à la pression de 76^{cm}. Densité de l'oxygène 1,1056. Équivalent du chlore: 35,5; du potassium: 37; de l'oxygène: 16. Coefficient de dilatation des gaz: 0,00366.*

21. *Quel volume d'anhydride carbonique peut donner la décomposition d'un morceau de marbre qui pèse 10^{gr}? Poids atomique de Ca = 40, de C = 12, de O = 16; densité de l'anhydride carbonique: 1,529.*

22. *Calculer le poids du carbonate de chaux qu'il serait nécessaire de décomposer par un acide pour obtenir 100^l d'acide carbonique sec à 15° et sous la pression de 750^{mm}. Densité du gaz carbonique par rapport à l'air: 1,529. Poids atomique de Ca = 40, de O = 16.*

23. *En décomposant une certaine quantité de carbonate de soude par 100^{gr} de chaux, on a obtenu 5^l de soude. Trouver la quantité de carbonate décomposée. Poids atomique de C = 12, de Na = 23, de Ca = 40, de O = 16.*

24. *Combien faut-il brûler de soufre pour obtenir 100^{kg} d'acide sulfurique, la transformation étant supposée complète? Quel serait à 20°, et sous la pression de 75^{cm}, le volume d'air normal nécessaire pour fournir l'oxygène employé dans cette réaction? Poids atomique de S = 32, de O = 16; densité de l'hydrogène: 0,07; coefficient de dilatation des gaz: 0,0037; poids spécifique normal de l'air: 0,0013.*

25. Quel poids de sulfate de fer faut-il traiter par l'acide chlorhydrique pour obtenir 10^{gr} d'acide sulfhydrique? Poids atomique de $S=32$, de $Fe=56$, de $Cl=35,5$.

26. Dans quel rapport de poids doit-on mélanger l'oxyde azotique et la vapeur de sulfure de carbone pour obtenir un mélange détonant qui brûle sans résidu de l'un et de l'autre gaz? Poids atomique de $Az=14$, de $S=32$, de $C=12$, de $O=16$.

27. On fait passer du soufre en vapeur, dans un tube en porcelaine contenant du charbon chauffé au rouge. On admet que tout le soufre a été transformé en sulfure de carbone. Quelle quantité de soufre a été employée, si l'on a recueilli 200^{gr} de sulfure de carbone? Poids atomique de $C=12$, de $S=32$.

28. Quel poids d'acide sulfurique et de sel marin faut-il employer pour obtenir 1^{mc} d'acide chlorhydrique gazeux? Quel sera le poids du résidu? Poids atomique de $S=32$, de $O=15$, de $Na=23$, de $Cl=35,5$. Densité de l'acide chlorhydrique gazeux : 1,25.

29. Un ballon renferme 10^l d'air sec à $16°$, sous la pression de 3 atmosphères. Calculer le poids d'oxygène et d'azote qu'il renferme, sachant que la densité de l'oxygène est 1,1056, celle de l'azote 0,972, le coefficient de dilatation des gaz 1,273, et le poids d'un litre d'air $1^{gr},3$.

30. Combien de chaux faut-il ajouter à 100^{gr} de chlorure d'ammonium pour obtenir tout le gaz ammoniac que ce sel renferme? Poids atomique de $Cl=35,5$, de $Az=14$, de $Ca=40$.

31. On veut obtenir 100^l d'azote à $0°$, et sous la pression de 76^{cm}, en profitant de l'action du chlore sur l'ammoniaque. Combien faudra-t-il employer de bioxyde de manganèse pour obtenir le chlore nécessaire? Poids atomique de $Mn=15$, de $Cl=35,5$, de $Az=14$; densité de l'hydrogène : 0,0695; poids spécifique normal de l'air : 0,001293.

32. Les os renferment 51 % de phosphate tribasique; combien faudra-t-il traiter de kilogrammes d'os, par l'acide sulfurique, pour obtenir 1^{kg} de phosphate acide? Poids atomique de $P=31$, de $S=32$, de $O=16$, de $Ca=40$.

TABLE DES MATIÈRES

—

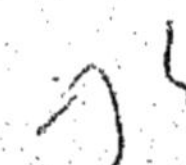

30956. — Tours, impr. Mame.